講談社文庫

# 福島第一原発事故の「真実」ドキュメント編

NHKメルトダウン取材班

講談社

◆本書では、特に断りのない限り、敬称を省略しています。
また年齢や肩書は当時（取材時点）のものです。
◆東京電力が公開している、福島第一原発事故に関連する
写真については、出典を省略しています。
◆本書は、「ＮＨＫスペシャル『メルトダウン』シリーズ」
の取材成果を元に制作されました。

# 文庫版まえがき

あの事故から13年の歳月が流れた。

２０２３年8月、国と東京電力は、福島第一原子力発電所にたまるトリチウムなどの放射性物質を含む処理水の海洋放出に踏み切った。漁業関係者や住民の反対を押切って、放出に踏み出したのは、このままでは、原発敷地が、処理水を保管するタンクに覆い尽くされて、核燃料デブリの取り出し作業などに必要な敷地が足りなくなってしまうからだった。

しかし、その核燃料デブリを取り出せる目処は立っていない。国と東京電力は、原発内に溶け落ちた推定８８０トンの核燃料デブリを２０５１年までに取り出し、廃炉を完了させると掲げた目標を下ろしていないが、２０２１年に始めるはずだった2号機の核燃料デブリを数グラム試験的に取り出す計画は様々なトラブルから先送りされた。

２０２4年に年が改まった時点でも、核燃料デブリは1グラムも取り出されておらず、各号機の本格的な取り出しは、工法すら決まっていない。さらに取り出したとしても、強い放射線を放つ核燃料デブリの処分方法や最終的な保管場所も見えていない。暴走した核の後始末がいかに困難か。13年の歳月を経て、日本社会は思い知らされているかのようである。

この重い現実の起点になったのが、２０１１年3月11日の巨大地震に端を発する福島第一原発事故である。震度6強の揺れと、15メートルを超える津波に襲われた福島第一原発は、幾重にも用意していた冷却装置がことごとく潰えて、電源を失う。稼働していた1号機から3号機の核燃料は高温に熱せられてメルトダウンし、２度にわたって水素爆発を起こし、核燃料デブリとなって原子炉や格納容器へと溶け落ちていった。

事故から4日目に2号機がメルトダウンした時、吉田昌郎所長は「このまま水が入らないと東日本一帯が壊滅すると思った」と打ち明けている。「東日本壊滅」は、当時の菅直人総理大臣が原子力委員会の近藤駿介委員長に依頼してシミュレーションした「最悪シナリオ」にも記されている。「最悪シナリオ」では、原発内の放射線量が高くなり、作業員が全員退避して注水できなくなると、連鎖的に各号機の状態が悪化し、格納容器が破損。さらに燃料プールの核燃料もメルトダウンし、大量の放射性物質が放出される。その結果、福島第一原発の半径１７０キロ圏内がチェルノブイリ※事故の強制移住基準に達し、半径２５０キロ圏内が、住民が移住を希望した場合には認

※旧ソ連ウクライナのチョルノービリ

めるべき汚染地域になると推定されている。半径250キロとは、北は岩手県盛岡市から、南は神奈川県横浜市まで、東京を含む東日本を覆う広さである。しかし、現実は、最悪の事態には至らず、「東日本壊滅」は回避された。それは、なぜなのか？

事故は、吉田所長以下が現場に踏みとどまり、原子炉への注水を続けていくうちに、次第に収束に向かっていく。この事故をテーマにした映画やドラマ、小説の多くは、人の手による注水活動が、最悪の事態回避に、決定的な役割を果たしたように描かれている。

しかし、事故の検証取材を続けていくと、そうとは言い切れない事実にぶち当たってくる。その象徴とも言えるのが、東京本店の命令に逆らって、吉田所長が続けた1号機への海水注入である。1号機が水素爆発した直後の3月12日夕方、現場の奮闘で再開した原子炉への海水注入を、総理官邸が再臨界の可能性を問うたことをきっかけに、東京本店が注入の中止を命じる。ところが、ここで吉田所長は、一芝居打つ。テレビ会議では注水中止を大声で指示する裏で、現場には密かに海水注入を継続させたのだ。このトリックプレイは、映画やドラマ、小説でも繰り返し伝えられたこともあって、1号機の危機を救った英断と広く知られるようになった。

しかし、事故から5年後、思わぬ真相が明らかになる。最新の研究で1号機の海水注入は、配管の様々な箇所から漏洩し、注水方法を変えた23日までほぼ冷却に寄与しなかった可能性が濃厚になったのである。長期にわたって冷却できていなかった1号機は、溶け落ちた核燃料デブリが格納容器の奥底まで浸食し、2号機や3号機に比べても、デブリの取り出しがより難しくなることが予想されている。吉田所長の英断が1号機を救ったという事故像は、もはや覆されているのである。

福島第一原発事故では、このように決死の打開策で危機を脱したと思えたことが、後にほとんど効果がなかったと判明することが少なくない。むしろ、危機を救ったのは、人の手を介さない偶然の積み重ねだったことに突き当たり、肌寒い思いにさせられる。なぜ、事故は最悪を回避できたのか。その詳細はいまだに謎なのである。

本書は、2011年3月11日の巨大地震を起点に、福島第一原発の事故現場と東京電力本店さらに総理官邸で、何が起き、人々がどう対応したかを、時系列に沿って分刻みで再現したものである。この13年の継続取材で突き止めた新事実や最新の調査・研究を踏まえて、当初、真相と思えたことがどんでん返しのように変わっていくさまも織り交ぜながら、現時点でできうる限り正確な事故像を提示することに努めた。

本書の内容は、2021年2月に刊行された『福島第一原発事故の「真実」』の第1部をもとに、新たに判明した事実を加筆修正している。なお、同書第2部の「検証編」は、最新の調査結果を踏まえた記述を新たに加えたうえで文庫版「検証編」として同時刊行した。『福島第一原発事故の「真実」』は、ありがたいことに刊行後、様々な書評で取り上げられ、２０２２年には、科学ジャーナリスト大賞を頂いた。本書が、この事故の真実を正確な歴史として後世に継承していくための一翼を担うことを願っている。

# プロローグ

東京と埼玉の県境に近い中山道沿いにあるビル式墓苑の3階に、未曾有の原子力事故と格闘した吉田昌郎の墓がある。東京電力・福島第一原子力発電所の最前線で事故対応の指揮をとった吉田は、事故から8ヵ月後、食道がんが見つかり、懸命に病と闘ったが、2013年7月9日、還らぬ人となった。まだ58歳の若さだった。

吉田家と刻まれた黒い御影石の墓の両脇の花立には、赤や紫の色鮮やかな花々が絶えることはなく、台座には、誰が供えていったのか、麻雀牌が3つ並べられていた。

1955年大阪に生まれた吉田は、府内屈指の進学校・大阪教育大学附属高校天王寺校舎から難関の東京工業大学に現役で合格し、大学院で原子核工学を専攻した。会社経営者の裕福な家庭の一人息子として勉学に励んできた育ちの良さが照れくさかったのだろうか。高校では剣道部、大学時代はボート部に所属した吉田は、東京電力に入社後、頭脳明晰な秀才というより、体育会育ちのやんちゃで親分肌の振る舞いを好み、社内外の酒や麻雀の付き合いも人一倍良かった。特に麻雀は、得点が高いギャンブル色の強い手を狙い、ここだと思うと、思い切りよく勝負を仕掛けてくる中々の勝負師だった。吉田と付き合いの長い部下の中には、吉田に誘われて麻雀卓を囲むようになったが、相手の配牌を緻密に読んで勝負どころでは、思い切った手を打ってくる吉田に負けが込み、やがて退勤時間が近づくと、吉田に麻雀に誘われないようそそくさと帰宅するのに苦労した者もいた。墓前に置かれた3つの麻雀牌は萬子、筒子、索子、いずれも、在りし日の吉田が好んだボーナス点がつくドラの五の牌で揃えられていた。

墓苑は、都心からやや離れていたが、最寄りの都営地下鉄三田線の駅から直通で、東京電力本店がある内幸町と結ばれていた。吉田が弔われてから三回忌、七回忌と時を経て少しずつ減ってはきたが、吉田を慕う東京電力のかつての上司や同僚、そして事故をともに闘った福島第一原発の部下たちが毎週のように墓参に訪れていた。墓前には、記帳ノートも置かれ、墓参した人は、訪れた月日と自分の名前を記すのが常だった。その中には、妻と一緒に墓参して2人の名前を記している人も少なくなかった。吉田は、付き合いの深い部下については、部下だけでなく、その妻への気遣いも忘れなかった。ある部下は、吉田に結婚披露宴のスピーチをお願いしたところ、おそらくその時に調べて覚えたのだろう、妻の誕生日になると、直接妻のメールアドレス宛にお祝いの言葉が送られて来るようになり、妻や部下を感激させたという。部下を仕事で叱った後は、必ずフォローの言葉をかけていた吉田は、部下の信望が厚かっただけでなく、その妻からも慕われていた。そうした吉田の墓前には、亡くなってから年月が経ってもいつも季節の花々が供えられ、記帳する人が途絶えることはなかった。

ところが、事故から9年となる2020年3月を過ぎた頃から、墓参に訪れる人がめっきりと減ってきた。この年、中国・武漢から発生した新型コロナウィルスが、またたく間にアジア、ヨーロッパ、アメリカへと広がり、日本もその猛威にさらされた。感染者と死者がじわじわと増え始め、3月には、夏に予定されていた東京オリンピック・パラリンピックの延期が決定し、戦後初めて春の甲子園が中止になった。4月7日には、東京や大阪など7都府県に緊急事態宣言が発令され、16日には全国に拡大。人の集まるイベントはことごとく中止され、夜の街の店も閉じられた。人々は外出を自粛し自宅に閉じこもり、企業は在宅の社員をオンラインで結んだリモートワークを進めざるを得なかった。

見えないウィルスの恐怖によるカタストロフィックな危機に、現場も国家も人々も、大きく翻弄されるさまは、10年前の見えない放射能による、あの危機を彷彿(ほうふつ)させた。

日本では起きないだろうという甘い期待から想定していなかった危機に準備不足のまま飲み込まれ、否応なく後手後手に回っていく対応。的確な判断をするために不可欠なデータをいち早く集めることができず、重要な局面で適切な科学的判断ができなくなり、人の勘に頼った場当たり的とも言える判断が横行していく状況。それでも過酷な現場の最前線では、無数の人々が危険にさらされながらも自らの任務に誠実に向き合い、その使命感から献身的で粘り強い努力を続けていく。

猛威を振るっていた新型コロナウィルスは、飲食店や小売店の文字通り身を削るような営業自粛や人々の忍耐強い外出自粛、そして徹底した手洗いとマスク励行のかいもあって、5月に入ると減少傾向となり、5月25日には、全国に出されていた緊急事態宣言もすべて解除となった。しかし、それもつかの間、6月下旬からは、東京で、ひたひたと感染者が増え始め、7月に入ると、再び感染者が100人を超える日が続き、誰もが眉をひそめる事態になってきた。

吉田の8回目の命日となった7月9日、ついに東京の感染者は200人を突破し、人々の間に先の見えない不安が一段と広がった。この日は、九州に大きな被害をもたらした梅雨末期の前線が関東にまで長くのびて居すわり、東京も朝から時折激しい雨が降るあいにくの天気となった。吉田の墓前を訪れる人は、七回忌の前年に比べるとまばらで、少々寂しげな命日となってしまった。それでも昼から夕方にかけて、吉田を慕う人が、時間をおいて、一人、また一人、時には数人が連れ立って現れるようになり、墓前にはペットボトルのお茶が供えられ、花立には、白いかすみそうや黄色い菊、薄紫の桔梗（ききょう）といった夏を彩る花々が飾られた。やがて、花立に差すことができなくなった花々があふれるように台座に横たわっていった。参列者は、黒い御影石の墓の前で、じっと目をつぶって手をあわせ、在りし日の吉田を偲んだ。参列者の誰もがマスクを着けて、墓参の前後には両手のアルコール消毒を忘れなかった。10年前、先例のない危機の最前線でリーダーとしての責任を一身に背負った吉田が、この未知の感染症による危機を見たらどのように感じただろうか。そう思わざるを得ないコロナ禍の命日だった。

夕方になると、墓苑の周囲に生い茂る樹々の葉を、雨が叩く音以外は聞こえるものもなくなり、吉田の墓標は、静かな墓苑の中でひっそりと佇（たたず）んでいた。

ドキュメント編・目次



## 福島第一原発事故の「真実」 ドキュメント編

column

# 福島第一原発事故の「真実」
## ドキュメント編

（CG ©NHK　監修：秋田県立大学　鶴田 俊 教授）

# 第１章

# 想定外の
# 全電源喪失

2011年3月11日に発生した東日本大震災による津波により、福島第一原子力発電所は、冷却用海水ポンプ、非常用ディーゼル発電機、電源盤のほとんどが冠水し、6号機を除き、全交流電源喪失の状態に陥った
（CG　©NHK　監修：東北大学　今村文彦 教授）

## 3・11 そのとき、吉田は

1号機爆発まで24時間50分

窓の外の太平洋に灰色の雲が垂れ込めていた。

2011年3月11日午後2時半すぎ。福島第一原子力発電所の事務本館2階にある所長室で、吉田昌郎(56歳)*は、机に広げた書類に目を走らせながら、午後3時から始まる会議を待っていた。会議は、原子力部門から他部署に出向している部下たちの報告を受け、部署を超えた交流の成果について話し合うものだった。きょうは金曜日。会議の後には懇親会も開かれる。久しぶりに会う顔なじみの部下と杯を傾け、週末は休めるはずだった。

福島第一原発は、福島県浜通りの太平洋に面した広大な敷地に、6つの原子炉を有していた。1967年にアメリカGE社によって建設が開始され、東京電力が運転する初の原発となった1号機。国内メーカー各社が国産の技術を開発し建設にあたった2号機から6号機。この日、4号機から6号機は定期検査のため運転を停止し、1号機から3号機の3つの原子炉がフルパワーで電気を作り出していた。原子炉の核燃料は臨界状態を維持し、高温高圧の蒸気が巨大なタービンを回して、およそ200万キロワットもの電気を、最大の電力消費地である東京をはじめとする首都圏へと送り出

*年齢・肩書はすべて当時のもの

していた。構内では、東京電力や協力会社の社員がそれぞれのマニュアルに従って、規則正しく作業にあたっていた。原発はいつものような週末を迎えようとしていた。

午後2時46分のことだった。吉田は所長室がかすかに揺れ始めるのを感じた。あっ地震だ。反射的に立ち上がった。揺れは次第に大きくなり、立っていられなくなるほどの強烈な上下動になった。これは大きい。がちゃという金属音が聞こえ、テレビがひっくり返った。吉田は机の下にもぐろうとしたが、揺れが激しく185センチほどある長身を思うように動かすことができず、机にしがみついているのがやっとだった。

三陸沖深さ24キロを震源とするマグニチュード9・0の巨大地震が原発を襲った瞬間だった。震源に近く最も揺れが激しかった宮城県栗原市では最大震度7。震源から180キロ離れた福島第一原発は、震度6強を観測した。

5分は続いたと感じられた長い揺れは、実際には3分後にようやく収まった。

吉田は所長室を飛び出した。目の前に広がる総務班の部屋は、本棚が倒れ、至る所に書類が散乱していた。天井の化粧板がほぼすべて落下し、白い煙のようなほこりがあたり一帯にもうもうと漂っていた。数人の総務班の部下が目に入り、吉田は思わず「どうだっ」と大声を出した。「みんな避難しています」比較的冷静な声が返ってき

福島第一原発の所長室があった事務本館。本棚は倒れ、天井の化粧板はほぼすべて落下した

た。ちょうど1週間前に、避難訓練を行ったばかりだった。吉田は残っていた総務班員と一緒に、1週間前に確認した避難通路を通って、避難場所に定められていた事務本館の西にある駐車場に向かった。ところが、避難通路の途中まで来ると、舞い上がっていたほこりを煙と感知したのか、火災は起きていないのに防火シャッターが下りていて、行く手を阻まれてしまった。何事も訓練通りにはいかない。吉田と部下は、遠回りをして階段を下り、他の所員よりやや遅れて避難場所の駐車場にたどり着いた。駐車場には、すでに大勢の東京電力の社員や協力会社の社員が集まっていた。吉田の目には、ざっと700～800人は集まっていると映った。4号機から6号機が定期検査を行っているため、構内には、作業にあたるメーカーの社員も含めいつもより多い6350人もの人が働いていた。その一人一人の安全が、リーダーである吉田の肩

に重くのしかかっていた。この日は、日中になっても気温が10度に届かず、どんよりした雲から小雪もちらつき始めた。

ガラスの破片が飛び散った事務本館入り口

寒さに震えている女性社員もいた。吉田は、すぐにグループマネージャーと呼ばれる課長級の社員に指示を出した。「グループごとに安否確認して報告しろ」まず、安否確認であり、何より所員の安全だと考えていた。駐車場では総務班長がトラックの荷台に立ち、拡声器を手にしてグループごとに安否を確認するよう叫んでいた。

吉田は足早に避難場所のすぐ南に建つ免震重要棟に向かった。

免震棟は、8ヵ月前に完成したばかりだった。4年前の2007年7月に起きた新潟県中越沖地震で柏崎刈羽(かしわざきかりわ)原発の事務棟が破損し、対策本部の機能を十分果たせなかった教訓を受けて建設されたものだった。その名のとおり震度7の地震に耐えられる免震構造で、放射性物質を除去する高性

免震重要棟。吉田所長以下、東京電力の技術者たちがここを拠点に不眠不休で事故対応にあたった。東日本大震災の8ヵ月前に完成

能のフィルター付きの換気装置やガスタービンによる大型の自家発電機を完備していた。

小さな体育館ほどある550平方メートルの2階フロアには、25人が座れる楕円形の円卓があり、その円卓を取り囲むように、発電班、復旧班、医療班、通報班など12班の緊急対応の担当チーム用の大型の机が配置されている。緊急時には406人が集まり、事故対応にあたることになっていた。

地震から15分が経った午後3時すぎ、吉田が円卓中央にある本部長席に駆け上がってきた。すでに到着していた発電班長が緊張した面持ちで指示を飛ばしていた。「浮き足立たないで落ち着いて確認しろ」吉田はまず言った。「余震があるかもしれないから、その注意はちゃんとしておけ」と念を押した。

円卓に近い壁面には、200インチある大型プラズマディスプレイ画面が光っていた。緊急時に各原発と本店を結ぶテレビ会議システムだった。東京電力の鉄塔の送電網を走る光ケーブル回線で結ばれたこのシステムは、前年6月に画面を鮮明なハイビジョンテレビに更新し、操作も簡便になっていた。激しい揺れで各社の電話回線が不通になったり、輻輳したりする中で、中越沖地震で耐震対策を強化したこともあって、テレビ会議システムは支障なく立ち上がっていた。6分割の画面には、本店の緊急時対策室が映し出されていた。本店は「大丈夫か?」「安否確認はどうだ?」とさかんに聞いてきていた。遠く離れた大勢の関係者をリアルタイムに結ぶ、時代を先取りしたこのシステムが、この後の事故対応に微妙な影響を与えていく。

吉田のもとには、各グループから次々と安否確認の報告があがってきた。幸い大きなけが人はなく、最大の心配事がひとまずなくなった。吉田は胸を撫で下ろした。右隣には、1号機から4号機を統括するユニット所長の福良昌敏（53歳）が座った。福良は吉田の右腕として、福島第一原発の運転指揮にあたってきた幹部だった。

「1号、2号、3号ともスクラムしました」発電班長が報告した。

円卓近くには、ホワイトボードが引っ張り出され、1号機から6号機までの状態が書き込まれた。1号機から3号機の下には、「スクラム成功」と書かれていた。

スクラムとは、制御棒を原子炉に挿入することだ。制御棒は核分裂反応を止めるホ

免震棟の緊急時対策室本部席

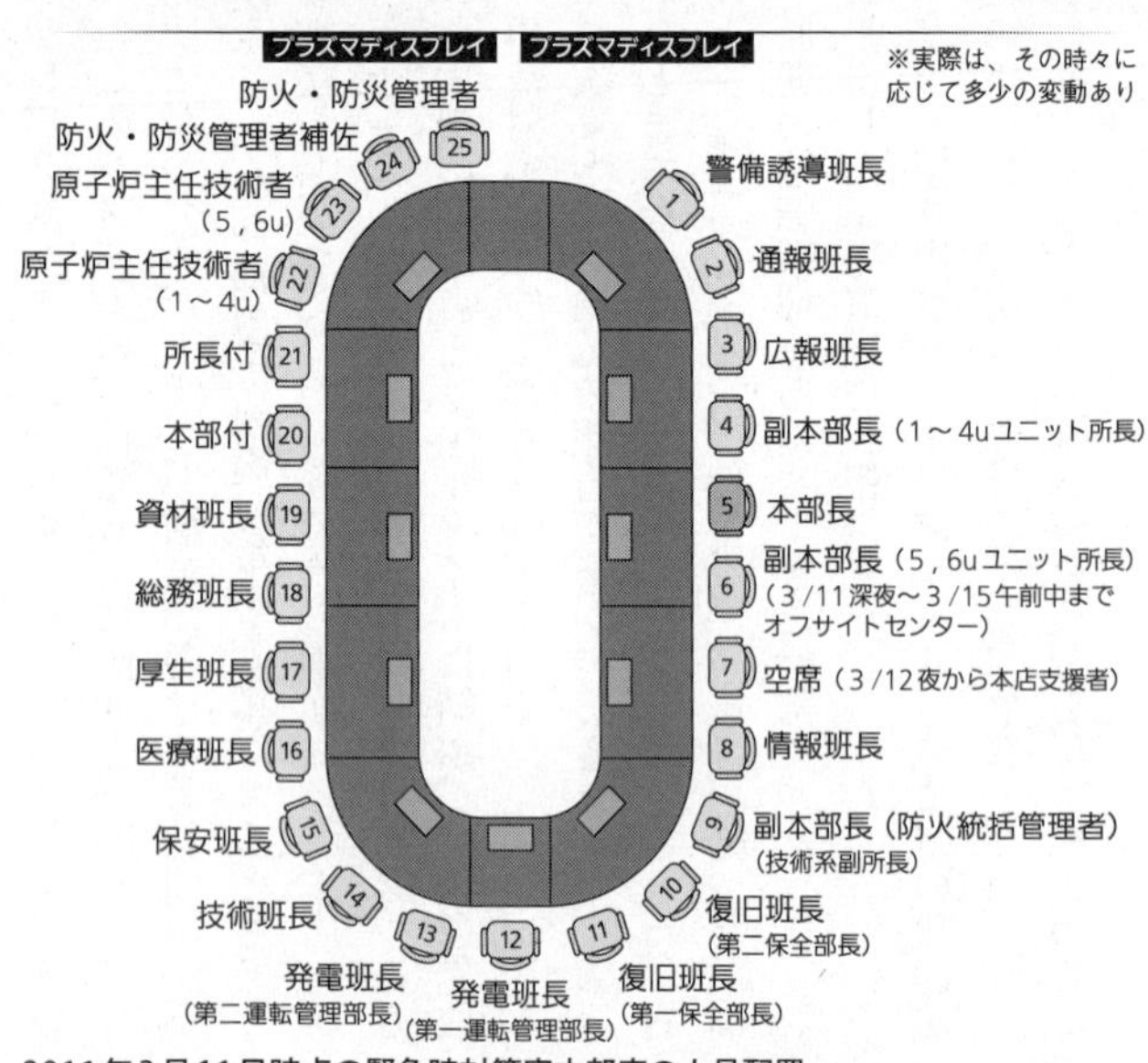


2011年3月11日時点の緊急時対策室本部席の人員配置
（東京電力報告書をもとに作成）

ウ素でできている。いわば原発のブレーキだった。原発は、大きな揺れを感知すると制御棒が自動的に原子炉の中に入って、核分裂反応を止める仕組みになっている。運転中だった3つの原子炉は想定通りスクラムし、止まったのだ。「大丈夫だ」吉田はそう思った。

「DG起動しています」発電班長が続けて報告した。吉田は即座に「外部電源がやられたのか」と思った。DGとは、Diesel Generator、軽油で動く非常用のディーゼル発電機のことだった。皮肉なことだが、原発は、自分を動かす電気を外から送電線でもらう仕組みになっている。地震で送電線か何らかの電源機器が壊れ、外部からの電源を失ったのだと吉田は推測した。外部電源を失うのは、初めての事態だった。

ただ、外部の電源がなくなったにしろ、非常用発電機は動いている。

「ひと安心というところか」福良はそう思った。「とりあえず電源はあるな」吉田もこの段階では、緊張の中にもいつもの平静さを保っていた。

## 始動する中央制御室　1号機爆発まで24時間36分

免震棟から南東に350メートル。中央制御室では、火災報知器の警報がけたたましく鳴り響いていた。激しい揺れで、あたり一面に巻き上がったほこりを煙と感知し

1、2号機中央制御室の位置：福島第一原発では隣り合う原子炉を1つの中央制御室でコントロールしている。中央制御室は隣接する原子炉の中間にある。原子炉と中央制御室の距離はわずかに50メートル（©NHK）

たらしかった。

地震から15分が経った午後3時。地震直後にスクラムは成功した。外部電源は失われたが、非常用のディーゼル発電機が起動した。緊急時の司令塔である免震棟にもホットラインを通じて報告したところだった。

中央制御室は、原発の運転操作を行う、いわば操縦室だった。

1号機と2号機の中央制御室は、小学校の教室2つ分ほどのスペースに、モスグリーンのステンレス製の壁面いっぱいが計器で埋め尽くされ、右側には1号機、左側には2号機の計器盤と操作盤が配置されていた。おびただしい数の計器盤には、原子炉の圧力や温度、それに水位など、原発の運転状況を示すデータが示されていた。

この膨大な数の計器盤を監視し、運転操作にあたるのが運転員だった。24時間、2交代で操作にあたり、福島第一原発では、中央制御室ごとに、AからEまで5つの班にわかれていた。1、2号機のこの日の担当は、A班だった。当直長が中央の席につき、その左隣には、当直副長が座る。当直長から斜め右側には、1号機を担当する当直主任と運転員、左側には2号機を担当する当直主任と運転員。この日は、総勢14人が、操作にあたっていた。

運転員の多くは、福島県の高校や「東電学園」と呼ばれる東京電力が運営する社員養成所を卒業して入社した社員だった。3月11日、そのたたき上げの運転員たちを束ねていたのは、地元双葉町出身の52歳の当直長だった。当直長は、日頃はD班のリーダーだったが、本来のA班の当直長が健康診断で休暇をとったため、代理でA班の当直長に就いていた。

その当直長の下、経験したことのない激しい揺れの中でも、運転員たちは、頭に叩き込んできたマニュアルと繰り返してきた訓練に従って、スクラム、そして非常用発電機の起動という異常事態への対応をまずは手堅くこなした。

しかし、まだまだ気は抜けない。誰もが緊張した面持ちで、計器の一つ一つを凝視していた。

その計器の一つを見つめていた運転員が異変に気がつき、声をあげた。

「1号、原子炉圧力低下！」

1号機は、スクラムして運転を停止したら、原子炉からタービンに蒸気を送る配管の弁が自動的に閉じる仕組みになっていた。すると、スクラム直後は、原子炉に蒸気がとどまるため、原子炉の圧力は、上昇するはずだった。あれっなぜ下がっている？運転員は、別の運転員に、原因を確認するよう頼んだ。

「IC起動！　A系、B系も」

ほどなく、原子炉圧力が低下した原因を伝える声が響いた。

IC、正式名称は、アイソレーションコンデンサー（Isolation Condenser）日本名は非常用復水器と呼ばれる非常用の冷却装置のことだった。しかし現場では、誰もが「イソコン」と呼んでいた。アメリカから直輸入された原発の機器には、元々英語の名称がついているが、それが覚えにくく、翻訳された日本語がさらに輪をかけて覚えにくいと、いつの間にか英語とも日本語ともつかない愛称がつくことがあった。イソコンも、馴染みにくかったアイソレーションコンデンサーが、いつしか、短く、言いやすく変化し、やがてイソコンの4文字に落ち着いたとみられるが、もはや誰もそんな由来を気に留めることもなく、イソコンと呼んでいた。そのイソコンが、地震から

**福島第一原発3号機の中央制御室**
東電社員の証言：揺れの最中から、アドレナリンが大量に出たのか恐怖感はあまりなく、妙に冷静だったような気がする。まるで夢の中の出来事のような……。少なくともこの状態が2F（注.福島第二原発のこと）へ退避するまで続いた　東京電力報告書より

6分後の午後2時52分に自動起動していたのである。

イソコンが動いていれば、原子炉で発生した蒸気が冷やされて水になるため圧力は下がる。当直長はじめ、運転員たちは納得した。

イソコンは、原子炉から出る高温の蒸気を原子炉建屋4階にある非常用タンクに導き、冷却水で満たされたタンクの中の細い配管を通すことで、蒸気を冷やして水に戻す。その水を再び原子炉に戻して、原子炉の核燃料を冷やす仕組みだった。一度起動すれば、蒸気の力で動き続け、電気を必要としない。1960年代にアメリカで開発され、福島第一原発には、1号機にしかなかった。耳を澄ますと、中央制御室の中で

も、ゴーという轟音が聞こえてくるのがわかった。当直長は、かつて先輩がイソコンを動かすと、ゴーという轟音があたり一面に響き渡ると言っていたのを思い出した。ただ、25年以上にわたって運転員一筋で長い経験を持つ当直長も、イソコンが発する轟音を実際に聞くのは初めてだった。イソコンは、1971年に1号機が運転を開始して以来、40年間、東京電力の公式見解では、一度も動いたことがなかった。実は、このとき、福島第一原発で、イソコンが実際に動いたのを見たことがあるものは誰一人いなかったのである。このことが、この後の事故対応を大きく左右させていくことになる。

中央制御室では、1号機の原子炉圧力低下のスピードが速すぎると思っていた。原子炉の温度低下のペースも速かった。

マニュアルでは、イソコンを作動させた後、1時間あたり55℃以上のペースで温度が下がる場合は、停止することになっていた。急激に冷やされることで鋼鉄製の原子炉や周囲の金属が収縮して部材に悪影響を与えるのを防ぐためだった。

運転員は、まず、起動したA系、B系2系統のうちB系統の弁を閉じた。

続いて、マニュアルに従って、A系統のレバーを動かした。弁を閉じたり、開いたりすることを繰り返す。原子炉の温度が、ゆっくり下がり始めた。

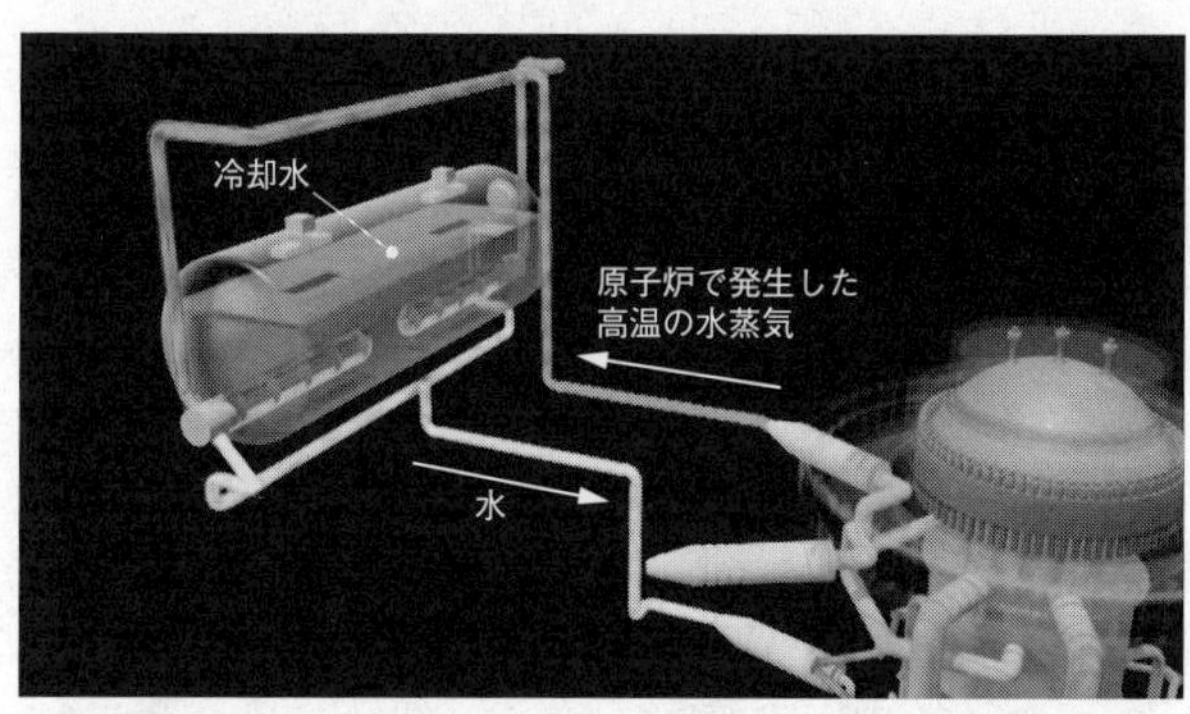


IC（非常用復水器）の仕組み：原子炉で発生した高温の水蒸気が流れる配管が、ICの胴部にある冷却水で冷やされることで水に戻り、原子炉の冷却に用いられる。ICは電源がなくとも原子炉を冷やすことができる（©NHK）

スクラムによって核分裂反応が止まっても、原子炉の温度は、およそ３００℃の高温状態にある。

中央制御室が求められるのは、原子炉の温度を徐々に下げて１００℃以下の冷温停止状態にもっていくことだった。原子炉の温度はゆっくり下がり続けていた。

非常用のディーゼル発電機も起動して電気が確保され、イソコンもマニュアル通りに動いている。

張り詰めていた中央制御室の空気が緩んだ。

原子炉停止から、40分後。およそ３００℃だった原子炉の温度は、１８０℃まで下がってきた。原子炉は、順調に冷却されていた。

当直長は、このまま冷温停止に持っていけ

ると感じていた。

## 電源喪失4分の時間差　1号機爆発まで23時間59分

地震発生から51分後の午後3時37分だった。冷温停止に向けて順調に作業が進められていた中央制御室に異変が起きた。

モスグリーンのパネルに、赤や緑のランプが点灯する計器盤が瞬き始め、1ヵ所、また1ヵ所と消え始めたのだ。天井パネルの照明も消えていった。

当直副長の「どうした⁉」という問いかけに、運転員は「わかりません。電源系に不具合なのか……」と答えるのがやっとだった。

向かって右側の1号機の計器盤がパタパタと消えていった。天井の照明や計器盤も時間を置いてひとつ、またひとつと消えていった。

ただ、不思議なことに、左側の2号機の計器盤や照明は灯ったままだった。2号機側は、電源が維持されていたのだ。

2号機を担当する当直主任が大声で聞く。

「ＲＣＩＣの状態は？」

ＲＣＩＣ。正式名称、Reactor Core Isolation Cooling system、日本名では、原

子炉隔離時冷却系と呼ばれる非常用の冷却装置のことだった。これまた正式名称が、英語、日本語とも覚えにくかったせいか、頭文字のローマ字4つをとってＲＣＩＣと呼ばれていた。ＲＣＩＣは、原子炉から発生する蒸気を利用して、原子炉建屋地下にあるタービン駆動ポンプを動かして、タービン建屋の非常用タンクの水を原子炉に注ぐシステムだった。福島第一原発では、1号機を除いて、2号機から6号機のいずれにも備えられていた。

担当の運転員が答えた。

「ＲＣＩＣ止まっています」

ＲＣＩＣは、地震後、起動し原子炉を冷やすために水を注ぎこんでいた。ただし、ＲＣＩＣは、原子炉の水位が一定量を超えると、自動的に停止する。2号機のＲＣＩＣは、地震後、2度ほど起動と停止を繰り返し、このときは停止していたのである。

当直主任が即座に当直長にむかって伝えた。

「ＲＣＩＣ起動します」

当直長が答える。「2号機、ＲＣＩＣ起動！」

「ＲＣＩＣ起動させます」

午後3時39分。2号機のＲＣＩＣが動き始めた。

このとき、ＲＣＩＣを起動させたことは、この後の2号機の運転を大きく助けることになる。

この時点でも2号機側の計器盤や照明は、依然として点灯したままだった。1号機の電源は駄目になったが、2号機は助かった。幾人かの運転員はそう思った。運転員の一人は「2号機から1号機に電源を融通しよう」と頭の中で考えを巡らせていた。

しかし、その直後だった。2号機側の天井の照明や計器盤の赤や緑のランプが、ひとつ、またひとつと消え始めた。

やがて2号機側も真っ暗になった。午後3時41分だった。

それまでけたたましく鳴っていた計器類の警報もすべて途絶え、中央制御室は、静まり返った。1号機側の非常灯だけが、ぼんやりと黄色い照明を灯していた。そのわずかな照明以外、中央制御室は暗闇に包まれた。実に4分の間に、中央制御室は、1号機側から2号機側へと、ゆっくりと電気が消えていったのである。

「これは、本当に現実なのか」そんな思いが運転員の頭に浮かんだ。まるで、大掛かりなイリュージョンマジックを見ているかのようだった。しかし、まぎれもない現実だった。

暗闇を切り裂くように「ＳＢＯ！」と鋭く叫ぶ声が響いた。当直長は、ホットライ

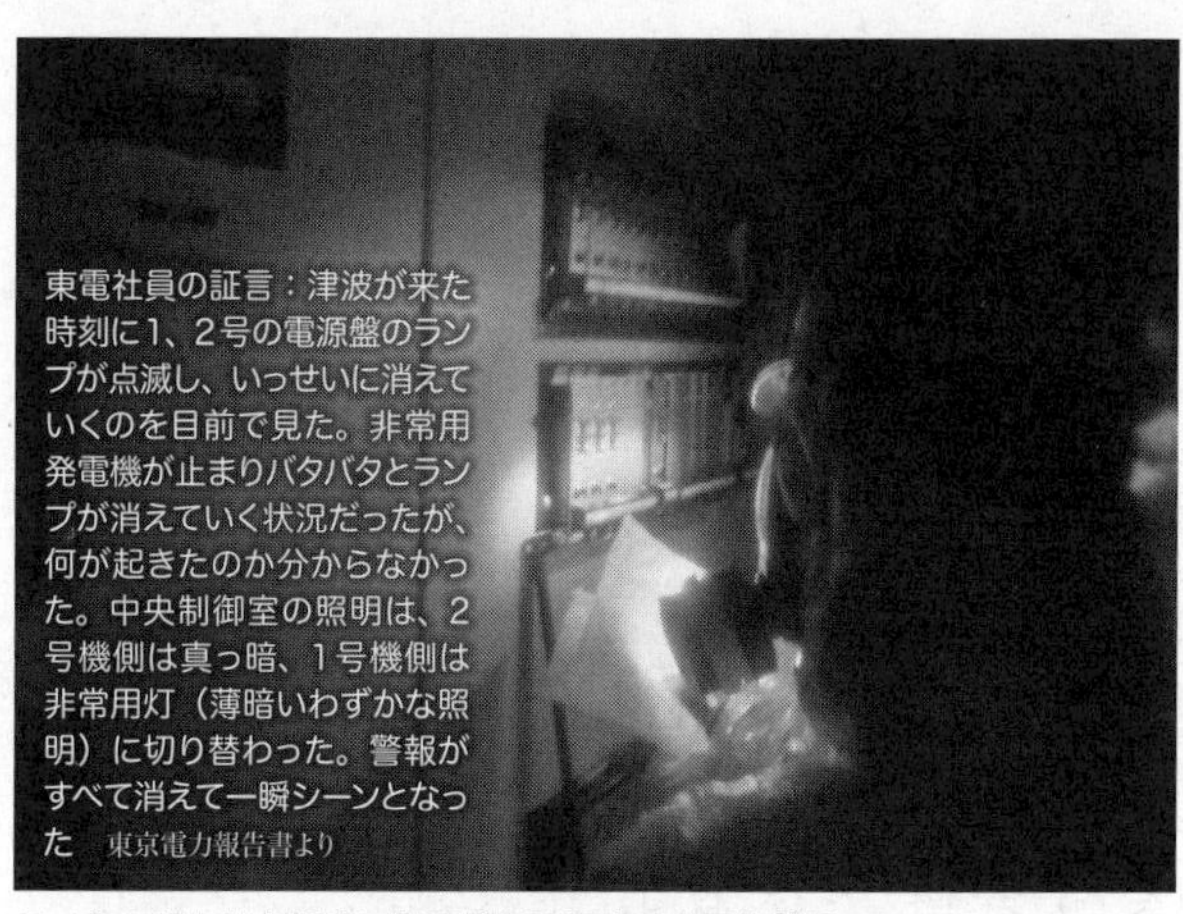


ライトの明かりを頼りに指示値を確認する東電作業員

ンを通じて、免震棟の発電班に「ＳＢＯ。ＤＧトリップ。非常用発電機が落ちた」と大声で報告した。

ＳＢＯ＝Station Black Out、ステーション・ブラック・アウト。全交流電源喪失の瞬間だった。

最後の砦だった非常用発電機が、何らかの原因で発電ができなくなり、すべての電源が失われたのだ。事態は、事前に定めていた事故対応の想定範囲から大きく外れていった。

中央制御室は、放射性物質の侵入を防ぐため、密閉構造で窓は一切ない。外の様子はうかがい知ることができなかった。原子炉の様子は操作盤に示される様々な数字やランプの灯りで把握できる

福島第一原発を直撃した津波。約50メートルのしぶきを上げている

ようになっていた。しかし、その計器は今や消えてしまい、一切がわからなくなってしまったのだ。外の情報は専用回線によって電源も免震棟と繋がっているホットラインで知らせを受けるしかなかった。閉ざされた空間の中で誰もが自分たちが暗闇に包まれた原因を頭の中で懸命に探ろうとしていた。しかし、まったく思いつかなかった。一体、何が起きたのか。答えが見つからない不安からか中央制御室は沈黙に包まれた。突然、その静寂を破るように、「ヤバイ。ヤバイ！」という叫び声をあげながら2人の運転員が部屋に入ってきた。地震の揺れがおさまった後、サービス建屋

2階にある中央制御室を出て、機器の点検のためにタービン建屋を巡回していた運転員だった。2人とも真っ青な顔をして腰から下はびっしょりと水で濡れていた。「海水が流れ込んでいる！」2人は怯えをこらえながら大声で報告を始めた。中央制御室のあるサービ

ス建屋の1階が腰のあたりまで海水につかっている。タービン建屋地下1階も水びたしだという。このとき、当直長は、非常用発電機を止めた犯人は津波だと確信するに至った。

## 暗闇の中央制御室　1号機爆発まで23時間45分

暗闇に包まれて10分。中央制御室では、運転員たちが、灯りになるものを必死で探していた。ＬＥＤライトの懐中電灯や携帯用バッテリーつきの照明機器……。30個は見つかっただろうか。かき集められた灯りを頼りに、運転員たちは、操作盤や計器盤の中で生きている計器はないのかをしらみつぶしに調べた。しかし、ほとんどの計器が消えていた。原子炉の水位や温度といった原発の状態を把握するための数値や原発を動かす様々な装置の作動状況を知るためのデータがわからなくなってしまった。これでは、目隠しをして車を運転しろと言われたようなものだった。事態は、マニュアルのどのページにも載っていない未知の領域に突入していた。「五感を失った感覚」「手足を奪われたような状況」「これでもう何もできなくなった」そうした思いが運転員たちの頭に浮かんだ。ほどなく何人かが当直長に歩み寄った。現場に確認に行きたいと告げるためだった。

しかし、新たな津波が来るかもしれない今、中央制御室を出て、原子炉建屋の中にある機器を確認するために歩き回るのは危険だった。当直長は、頭を巡らせた。当直長は、アメリカ同時多発テロで火災を起こしたワールドトレードセンターの救助にあたった消防士の救出活動に強い関心を持ち、危機の中での人間の行動を描いたノンフィクションを読んだり、ドキュメンタリーを何度も見ていた。そこから学んだのは、危機のときは常に生還の手立てを考えながら行動すべきという教訓だった。

しばらく考えた末、当直長は部下たちに言った。「ルールを決めよう」中央制御室から出るときは、当直長に許可を得て、必ず2人一組で行動する。調査は2時間以内。行き先を明確に決め、出発前に許可を得た場所以外は絶対に行かない。危機の中で編み出したマニュアルにはない独自のルールだった。

運転員一筋で育ってきた運転員たちは、先輩後輩の上下関係を重んじ、仲間意識も強かった。そのリーダーが決めたルールは絶対だった。

計器が見えなくなったことで、当直長を最も悩ませたのは、冷温停止に向けて動き始めたはずの非常用の冷却装置の動きがわからなくなったことだった。

2号機のRCICは、電源が失われる前、確かに起動させた。RCICは、いったん起動させると、原子炉から発生する蒸気の力で動く。しかし、バッテリーで動く電

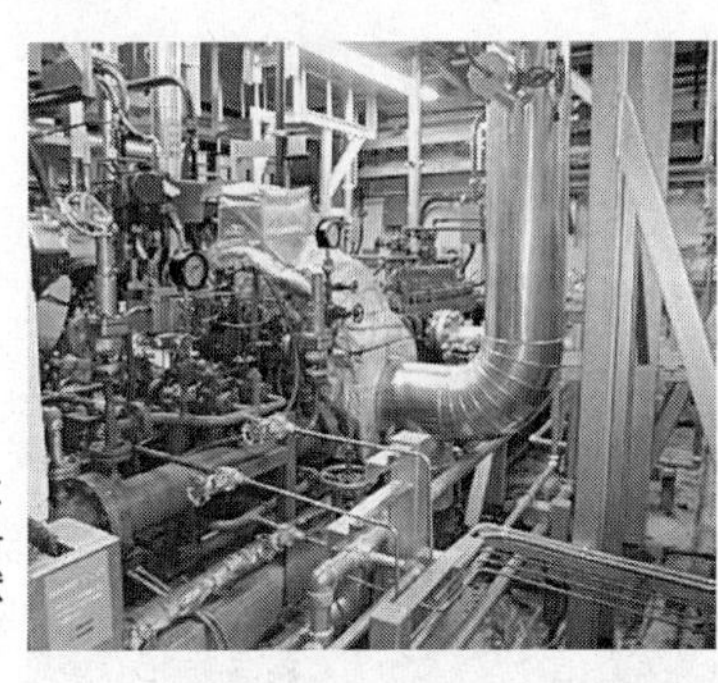

RCIC。中央にタービン、奥にポンプが見える。写真は5号機のRCICを照明がついた状態で撮影したもの

動モーターや弁で、蒸気の量を制御しながら、原子炉に水を注入する仕組みになっているため、バッテリーがないと、注水が維持されているかどうかわからなかった。バッテリーが使えなくなった今、RCICは止まっている可能性もある。それを判断するためのRCICの計器盤にある赤と緑のランプも消えたままだった。

1号機のイソコンは、いったん起動すれば、電気がなくても、蒸気の力で動き続け、原子炉建屋4階にある冷却水タンクを通って冷やされた水が注がれ、原子炉を冷やし続けるはずだった。しかし、イソコンの計器盤のランプが消えてしまっていた。イソコンの操作盤のレバーは、操作した後、手を離すと、必ず中央の位置に戻るようになっている。弁が開いている場合は、赤いランプが点灯し、閉じている場合は、緑のランプが点灯する。レバーは、何度も操作すると、その

1号機原子炉建屋の西側の壁、高さ20メートルのところにあるIC（イソコン）排気口。通称「ブタの鼻」と呼ばれる。福島第一原発のICはおよそ40年間一度も稼働したことがないとされ、事故当時の福島第一原発には排気口から出る蒸気を見たことがある運転員は一人もいなかった

度にレバーが中央に戻るので、弁が閉じているか開いているかは、点灯しているランプの色で判断することになる。そのランプが消えてしまった今、弁が開いているのか、閉じているのかがわからなくなってしまったのである。

当直長は、免震棟に繋（つな）がるホットラインの受話器をとって、大声で言った。

「ブタの鼻を見てくれ」

ブタの鼻とは、1号機の原子炉建屋の西側の壁、高さ20メートルにある2つの排気口のことだった。横並びに空いた2つの穴がまさしくブタの鼻のように見えることから、そう呼ばれていた。

当直長は、かつて運転員の先輩から、イソコンが作動すると、このブタの鼻から白い蒸気が勢いよく出るという話を聞いたのを覚えていたのである。1号機の西側の壁は、中央制御室のある建屋

からは見えにくい位置にあったが、1号機の北西にある免震棟からは、比較的よく見える位置にあった。1号機の運命を握るイソコンが動いているかどうか。その判断はマニュアルに掲載されていないベテラン運転員の間に伝わる記憶に委ねられたのである。

## 錯綜する免震棟

中央制御室の異変は、免震棟にもすぐに伝えられていた。

「SBO！　DGトリップ！　非常用発電機が落ちた」連絡を受けた発電班長の大声が円卓に響いた。

本部長席の吉田が思わず「えっ？」と声を出した。非常用発電機がやられた？　握りしめていた頼みの綱が唐突に切れてしまったようなものだった。

「大変なことになった」吉田は頭の中でぐるぐると考えを巡らせていた。非常用発電機を生き返らせられないのか。それがなくなったらどうする。イソコンやRCICがあれば、とりあえず、数時間は冷却できる。けれど、次はどうする？　しかし、不安がまとわりついた自らの思考を、部下に向けて口には出さなかった。所長の仕事はまず対外的な連絡だった。

吉田は、テレビ会議のマイクをとった。「10条の発令をお願いします」

午後3時42分。原子力災害対策特別措置法にもとづく特定事象、全交流電源喪失が通報された瞬間だった。２３０キロ先にいる大型ディスプレイに映る東京本店の幹部の顔に驚きが走った。免震棟の円卓を囲む幹部にも緊張と当惑が入り混じった表情が浮かんだ。吉田の隣に座るユニット所長の福良は、「訓練でしか起きたことのない10条がまさか現実になるとは」と、どこか半信半疑の心地だった。

しかし3号と4号もＳＢＯだと報告されていた。

10条通報はまぎれもない現実だった。なぜだ。非常用発電機に何が起きたのか。

このとき、まだ吉田や免震棟幹部の頭の中には、非常用発電機の停止と津波を結びつける回路はなかった。免震棟には窓がなく、外の様子をうかがい知ることはできなかった。免震棟の壁面には、テレビ会議のほかに、ＮＨＫや民放テレビ局の放送を6分割で映し出す大型ディスプレイがあった。その画面は、東北地方から関東沿岸まで赤い線がチカチカと光り、大津波警報が発令されていることを告げていた。しかし、この時点で、福島県沿岸の津波の高さは3メートルから5メートルと報じられていた。10メートルを超える津波が原発を襲ったとは、想像がつかなかったのである。

何とか電源を確保しなければならない。ほどなく吉田がテレビ会議で本店に向かっ

免震棟で指揮をとる吉田所長

て声をあげた。

「電源車を持ってきてください。どこからでもいいから」

　このとき、福島第一原発には、1台も電源車がなかった。4年前の中越沖地震で柏崎刈羽原発3号機の変圧器が火を吹いた際、鎮火に2時間もかかったという批判を受けて、福島第一原発にも3台の消防車が配備された。しかし、この時点で、東京電力には、電源喪失という危機に思いを馳せて、電源車を原発構内に配備するという発想はなかったのである。

　本店からは、すぐに電源車を手配するという回答が返ってきた。

　午後4時を過ぎた頃だった。にわかには信じられない話が円卓に飛び込んできた。

　原発敷地の海岸沿いにあった重油タンクが根こ

東電社員の証言：重油タンクが物揚場の方に流れていくのを見た。その前に、何の船かわからないが、大津波が来る前に、物揚場から黒い船がギリギリ津波をうけないで、出ていった
東京電力報告書より

津波で流されて作業用道路をふさいだ重油タンク（上）。直径11.7メートル×高さ9.2メートルの巨大なタンクが、津波により1号機タービン建屋北側脇まで漂流した（左写真点線）

そぎ津波で流されたというのだ。さらに、外の避難場所にいた何人もが大きな津波が来たのを見たと報告してきた。

この段階で初めて、吉田は、非常用発電機が動きを止めた原因は、津波ではないかと思い始めた。

「1号、2号の計器が見えないそうです」

発電班長が中央制御室からの新たな報告を伝えてきた。

中央制御室の計器類の電源は、交流の非常用発電機ではなく、直流のバッテリーだった。津波で非常用発電機だけでなく、同じ地下1階にあるバッテリーも水をかぶって動かなくなったのではないか。吉田や幹部は、信じたくない現実に

福島第一原発に襲来した津波

東電社員の証言：更衣所の窓の外には信じられない光景。あの防波堤がドミノのようにあっさりと倒れている。門型クレーンはSWポンプに突き刺さり、流された幾台もの車。真下からは鳴りっぱなしのクラクションが聞こえた　東京電力報告書より東電社員の証言：建屋の中に入って窓から海を見たら、遠くに水しぶきが上がっていた。左側を見たときには津波が4号機のほうからきていた。水柱が十数メートル上がったので足がすくんでしまって動きが止まってしまった。サービス建屋にある中央制御室に行かなければいけないので、津波に向かって走っていった。本当に危なかった。津波のほうに走っていかないと中央制御室に行けないので…… 東京電力報告書より

福島第一原発に襲来した津波（上から順に、発生から7分24秒後、8分20秒後、8分38秒後）

向き合わざるを得なかった。

電源を担当する復旧班長の稲垣武之（47歳）は、同僚の第二復旧班長と思わず顔を見合わせていた。稲垣は、大学院で機械工学を専攻し、原発の補修畑を歩んできたキャリア組だった。一方、第二復旧班長は、東電学園を卒業後福島第一原発に長く勤め、原発の隅々までよく知っている56歳の叩き上げの技術者だった。奪われた電源を取り戻さなければならない。2人の肩に困難で重い任務がずっしりとのしかかってきた。

吉田は、電源をなんとかするよう2人に指示した。ただ、原発の補修畑を長く歩み機械屋を自負する自分でもどうすればいいのか、良い知恵は浮かんでこなかった。

電源の復旧だけではない。計器が見えなければ、中央制御室の運転員はどうするのか。原発の運転操作はどうすべきなのか。改めて大変なことになったと吉田は思った。しかし、原発の操作に関しては、運転員たちのほうがプロだ。箸の上げ下ろしまで、ああやれ、こうやれと部下に指示するのは、トップの所長がするようなことではない。運転操作は、中央制御室の運転員や発電班長ら信頼できる現場に任せておくべきものだ。リーダーたる所長のやるべきことは、全体を見据えた指揮であり、今は状況把握と対外連絡と考えていた。

計器が見えないことは、核燃料が冷却されているかどうかわからないことを意味し

原子力災害対策特別措置法第15条第1項の基準に達したときの報告様式（原子炉施設）

平成23年3月11日
発信時刻　時　分

経済産業大臣，福島県知事，大熊町長，双葉町長　殿

第15条報告
報告者　福島第一原子力発電所長　吉田昌郎
連絡先　0240-32-2101(代)（　G　）

原子力災害対策特別措置法15条第1項に規定する異常な水準の放射線量の検出又は、原子力緊急事態に該当する事象が発生しましたので、以下の通り報告します。

| | | |
|---|---|---|
| 原子力事業所の名称及び場所 | | 東京電力株式会社　福島第一原子力発電所<br>福島県双葉郡大熊町大字夫沢字北原22 |
| 原子力緊急事態に該当する事象の発生箇所 | | 福島第一原子力発電所 1、2号機 |
| 原子力緊急事態に該当する事象の発生時刻 | | 平成23年3月11日16時36分　（24時間表示） |
| 発生した原子力緊急事態 | 原子力緊急事態に該当する事象の種類 | ① 敷地境界放射線量異常上昇　⑦ 格納容器圧力異常上昇<br>② 放射性物質通常経路異常放出　⑧ 圧力抑制機能喪失<br>③ 火災爆発等による放射性物質異常放出　⑨ 原子炉冷却機能喪失<br>⑩ 直流電源喪失（全喪失）<br>④ 原子炉外臨界　⑪ 炉心溶融<br>⑤ 原子炉停止機能喪失　⑫ 停止時原子炉水位異常低下<br>⑥ 非常用炉心冷却装置注水不能　⑬ 中央制御室等使用不能 |
| | 想定される原因 | □特定　☑調査中 |
| 該当する事 | 検出された放射線量の状況，検出された放射性物 | 1、2号機の原子炉水位の監視ができないことから注水状況がわからないため、念のために原災法15条に該当すると判断しました。 |

1、2号機の原子炉水位の監視ができなくなり、注水状況が確認できなくなったことを経済産業省や各自治体に報告する15条通報。国内でこの通報が出たのは初めてであった

た。それは、全交流電源喪失よりさらに一段高い危機だった。

吉田はテレビ会議に映る本店に向かって声をあげた。

「原災法15条です。15条の通報をお願いします」

午後4時45分。原子力緊急事態にあたる原子力災害対策特別措置法15条が通報された。

本店の幹部が居並ぶテレビ会議の映像からも明らかな動揺が伝わってきた。

原発はスクラムが成功して止まったとは言え、300℃あった核燃料は強い熱を帯びている。その核燃料に水を注ぐことで熱を徐々に冷まし、100℃まで下げる作業が続いていたのだ。その注水が止まったとなると、原子炉温度は、熱を帯びた核燃料によって、再び上昇し始める。その行く末は……。

　ただ、この時点で、吉田は、計器が見えなくなったことで、原子炉が冷却されているかわからなくなったが、冷却は続いていると考えていた。1号機はイソコン、2号機はRCICが動いていると思っていたからだ。

　ほどなく円卓に、3号機は、バッテリーが生きていて、計器は見えているという連絡が届いた。3号機は、地下1階と1階の間にある中地下室にバッテリーが設置されていた。地下1階にバッテリーがある他の号機より高い位置にあったことが幸いして、津波の被害を免れたのだった。3号機の中央制御室は、バッテリーを使ってRCICを手動で起動させ、原子炉への注水を続けていた。

　2号機からは、電源が失われる直前にRCICを手動で起動させたと連絡を受けていた。RCICは、起動するときは電源が必要だが、後は蒸気の力で動き続ける。蒸気の流れを調整する機器を動かすバッテリーが途絶えた今、不安はあったが、動き続けているのではないか。吉田はそう考えていた。

　そして、1号機のイソコン。一度起動すると、電気の力を使わなくても、蒸気の力で循環して動く仕組みを持つ。バッテリーがなくても、動き続けるはずだ。「イソコンは動いている」この吉田の思い込みが、後の事故対応を大きく左右することになる。

## 東京・内幸町　東京電力本店

　福島第一原発から南に230キロ。東京・内幸町の東京電力本店も激しい揺れに襲われていた。

　午後2時46分、原子力部門ナンバー2の常務の小森明生（58歳）は、会議室で打ち合わせをしていた。波を打つような激しい上下動に見舞われた。震度5強だった。小森は、揺れが収まるのを待って、会議室を飛び出した。東京電力は、電力を供給している地域に震度6弱以上の地震があったとき、2階の緊急時対策室に対策本部を設置することにしている。フロアのエレベーターは、揺れを感知してすべて止まっていた。小森は急いで階段で2階まで駆け下りた。緊急時対策室は、200人を収容できるスペースに、原発や火力発電所のほか各支店の対策本部を結ぶテレビ会議システムを備えていた。小森が対策室に入ったときには、すでにテレビ会議は立ち上がり、大型のディスプレイ画面に各地の対策本部の様子が映し出されていた。

　金曜日の午後とあって、本店の緊急要員に指定されている社員が続々と集まってきた。しかし、対策本部長を務めるはずの社長の清水正孝（66歳）はこの日、不在だった。電気事業連合会の会長として、夫人を伴って奈良県の平城宮跡を視察していたのだ。会長の勝俣恒久(かつまたつねひさ)（70歳）も副社長の一人と中国の北京に出張中だった。

原子力部門トップの副社長の武藤栄(むとうさかえ)（60歳）がほどなく駆け込んできた。武藤は東京大学で原子力工学を学び、入社後にカリフォルニア大学にも留学した原子炉と安全解析の専門家で、原発の補修・建設畑が長かった小森にとっては、緊急時に頼りになる存在だった。

小森と武藤は、原発の状況を確認し合った。

「福島第一と第二はどうなっている？」

「福島第一、スクラム成功」

事故当時、東京電力の原子力部門のナンバー2だった小森明生常務。武藤副社長がヘリコプターで現地に移動したため、本店緊急対策本部で事故対応にあたる。事故発生当時、勝俣恒久会長は中国、清水正孝社長は関西に出張中で不在だった（©NHK）

東京電力の武藤栄副社長。原子力・立地本部長として事故対応の陣頭指揮にあたる立場にあるが、マニュアルに従って事故後は、福島県内の周辺自治体への説明のため東京を離れた（©NHK）

震源に近い福島第一原発は震度6強だった。福島第一原発と第二原発はスクラムに成功していた。冷却装置も始動していることが確認された。

「福島第二もスクラムしています」

「柏崎刈羽は？」

100万キロワットを超える大型の原子炉7基が並ぶ新潟県の柏崎刈羽原発は、震度5弱で、稼働していた4基の原子炉は運転を続けていた。小森も武藤も対策室のメンバーもほっとしていた。地震で原子炉がスクラムし、停止するのはみな何度か経験している。あとは原子炉を手順どおり冷やしていけばいい。

午後3時を過ぎた頃だっただろうか。

「外部電源を失っています」

ひやりとさせる報告がきた。福島第一原発からだった。外から供給を受けていた電気が途絶えたという連絡だった。対策室がざわついた。しかし、小森は慌てていなかった。その福島第一原発の所長を小森は2年にわたって務めていた。外部電源の喪失は事故対応マニュアルに記してある。外からの電気が絶たれても、発電所には軽油で動く非常用発電機とバッテリーも8時間もつ機器が備えられている。

テレビ会議の画面では、8ヵ月前に引き継ぎをした後任の吉田が、そうしたバックアップの電源が所定どおり動き始めていることを報告していた。対策室の空気が和らいできた。

テレビ会議を通して、福島第一原発だけでなく、福島第二原発や柏崎刈羽原発から現状や対処の方法について、報告や指示を求める連絡が次から次に飛び込んできた。

東京電力のテレビ会議システムでは、福島オフサイトセンター、福島第二原発、福島第一原発、柏崎刈羽の各免震棟、本店緊急対策本部を結んでテレビ会議ができる

対策室はごった返していた。

停止した原子炉内の温度を100℃以下に冷やす「冷温停止」に向けて、みな、担当の仕事をあわただしくこなしていた。

途絶えることのない報告を受けていた小森のもとに、武藤が対策本部から離れるという連絡が入ってきた。東京電力は、中越沖地震の原発火災の際、地元への説明が不十分だったと厳しい批判を受けて、大きな地震発生時は、原子力・立地本部長自らが原発に赴き、地元支援にあたることにしていた。

武藤は、福島第一原発から南西に5キロ離れた大熊町役場近くに建てられたオフサイトセンターと呼ばれる国や福島県など関係機関が集まって避難対策を協議する拠点に行くことになった。

武藤が小森に近寄り「よろしく頼みます」と短く声をかけ、部下3人と一緒にあわただしく対策室を後にしていった。午後3時半、武藤は本店を出発し、新木場のヘリポートに向かった。

頼りになるはずの武藤がいなくなり、会長も社長も不在の対策室のリーダーは、名実ともに小森となった。責任が小森の肩に重くのしかかってきた。その10分後の午後3時42分のことだった。

「10条の発令をお願いします」

吉田の声だった。本店対策室の緊張が一気に高まった。福島第一原発の免震棟を映し出すディスプレイ画面から円卓を行き交う「SBO！」という言葉が何度も漏れ聞こえた。非常用発電機が動かなくなった。電源が失われた。信じられない異常事態だった。その原因もわからないという。どうすればいいのか。テレビ画面を通して、230キロ離れた東京本店と福島第一原発との間で、もどかしいやりとりが続いていた。

しばらくすると、テレビ画面の吉田が、電源車を用意してほしいと要望してきた。小森は、すぐに本店の配電部門に電源車を福島に送るよう指示を飛ばした。とにかく電源確保だ。そのためには電源車だった。午後4時10分、本店の配電部門から東京電力全店の配電担当者に、電源車を確保するよう一斉に指示が出た。東京電力は各支店に、6900ボルト用の高圧電源車と、100ボルト用の低圧電源車を多数所有していた。20分もすると、配電担当者のもとに、高圧電源車48台、低圧電源車79台が準備できると報告があがった。電源車は、用途によってボルト数や仕様が様々だった。しかし、今は、何より早く到着できるかが問題だった。配電担当者は、どの電源車もすぐに出発するよう指示を出した。福島に近い東北電力にも電源車の救援を依頼した。全国各地から手当たり次第に電源車が福島第一原発に向かい始めた。

ちょうどこの頃だった。午後4時45分、本店対策室の緊迫度をさらに高める状況になった。

吉田がテレビ会議で原災法15条を通報したのだ。福島第一原発1号機と2号機の中央制御室では、原子炉の冷却が行われているかどうか確認できないというのだ。送られてきた15条通報のファックスを手に、小森は言葉を失った。「これはえらいことになるかもしれない」と思った。

一方、新木場に向かっていた武藤は、車の中で電源喪失の連絡を受けた。とにかく一刻も早く福島に行かねばならない。焦る気持ちと裏腹に、普段は20分で行く道が大渋滞となり、車はまったく前に進まなくなった。ついに武藤らは、ヘリポートまで数キロというところで、車を降りて歩いて行こうとした。ところが、歩き始めたら液状化のため、膝まで泥に浸かり、二進も三進もいかなくなってしまった。困り果てた武藤は60歳にして生まれて初めてヒッチハイクを試みた。緊急時においても親切な人はいるもので、武藤らはヒッチハイクを2回重ねて、泥だらけになって新木場にたどり着いた。待ちかねていたヘリコプターに乗り込んで福島へと飛び立ち、午後6時過ぎ福島第二原発のヘリポートに降り立った。あたりはすっかり薄暗くなっていた。

こうして中央制御室も免震棟も東京本店も、電源を奪われた原発がどうなっていくか、実感もなく想像もつかないまま、日本はおろか世界中を震撼させる未曾有の危機に飲み込まれていったのである。

## 電源喪失の真相

先例のない危機のとば口となった巨大津波。それは、いったいどのよ

**福島第一原発に襲来した津波を再現したCG**（©NHK　監修：東北大学　今村文彦教授）

うに福島第一原発の電源を奪っていったのだろうか。

事故から7年近くが経った2017年12月、東京電力は未解明事項の5回目の検証結果を明らかにし、中央制御室で目撃された1号機から2号機へと、実に4分の時間差を経て照明や計器が消えていった不思議な現象に着目して、次のように説明した。

原発沖合の波高計から、原発を襲った津波は、巨大津波の第2波の3つある波のうちの2番目の波で、その高さは13メートルあまりあった。津波は、高さ5・5メートルの防波堤をやすやすと乗り越え、海岸に平

**地下の電気品室に流れ込む津波** (©NHK)
**東電社員の証言：地下から聞いたことのない轟音がしてきたのであわてて階段を上がった。サービス建屋入り口から水が入ってきていた。水をかぶりながら引き上げてきた** 東京電力報告書より

行して高さ10メートルの敷地に建てられた1号機から4号機のタービン建屋に、大きな時間差なく到達した。この時刻は、午後3時36分頃。このとき、1号機のタービン建屋の海側にある大物搬入口は、いつもは閉じられている防護扉が作業のため開けっ放しで、シャッターだけが閉められていた。シャッターは、津波がもつ50トンの強い水圧に耐え切れず、ひしゃげて押しつぶされ、大量の海水が建屋内に流れ込む。シャッターの先には、非常用発電機の電源盤が2系統仲良く並んでいた。海水は、2メートルある電源盤のほぼ真ん中の高さを走りぬけた。電源盤は、家庭でいうとブレーカーのようなものである。海水を浴びた電源盤は、たちどころにショートし、繋がっ

**乾式貯蔵キャスク保管庫建屋の状況**
東電社員の証言：共用建屋に入ろうとしたが入り口ゲートに閉じ込められてしまった。警備員に連絡したが繋がらず、2～3分後に津波が襲ってきた。水が下から浸入し、もう死ぬのかと思っていたところ、同じ状況にあった先輩社員のゲートのガラスが割れ、脱出でき、自分のガラスを割ってくれたおかげで脱出することができた。そのときにはあご下まで水がきており、本当に怖かった　東京電力報告書より

ていた地下1階の非常用発電機は、家庭でブレーカーが飛ぶと電化製品が停電するように、その動きを止めた。これが午後3時37分頃のことだった。

一方、2号機のタービン建屋1階の海側には、給気ルーバと呼ばれる非常用発電機の換気口が、ぽっかりと口を開けていた。午後3時36分頃、大量の海水が給気ルーバから一気に地下1階へと流れ込んだ。2号機の非常用発電機の電源盤は、地下1階の電気品室にあった。地下1階に流れ込んだ海水は、電気品室の仕切り扉を乗り越えて、徐々に電気品室に溜まっていき、電源盤をショー

トさせた。繋がっていた非常用発電機が停止した時間は、午後3時41分頃。こうして、1号機から2号機は4分の時間差をもって、電源を失っていった。これが、津波が押し寄せる様子をとらえた連続写真や、電源盤と非常用発電機のデータを分析して打ち立てた東京電力の「説明」だった。

ここには、津波から避難する前に大物搬入口の防護扉を閉めていなかったことや、大物搬入口すぐ近くに非常用の電源盤を2系統とも並べて配置していたという危機分散の基本がなっていなかった痛恨の教訓がこめられている。

ところが、専門家らと福島第一原発の事故検証を続けている新潟県技術委員会は、事故から10年近くが経った2020年10月に公表した報告書で、東京電力の「説明」に疑義を唱えている。その理由は、津波の原発敷地への到達時間が、東京電力の言う午後3時36分台ではなく、もっと遅かったのではないかという点にあった。津波の到達時間については、当初から国会事故調査委員会が津波の連続写真の分析から、原発を襲った津波は、東京電力の言う巨大津波第2波の2番目の波ではなく、その後の3番目の波であり、その到達時間は、午後3時38分台だったと主張している。すると、午後3時37分とされる電源喪失の原因は、原発敷地を乗り越えた津波が電源盤を被水させたためという東京電力の「説明」は崩れてしまう。

**福島第二原発に襲来した津波（上下とも）**
東電社員の証言：大物搬入口から水が入って来ているのを発見、のぞき込むとシャッターの下から水がしみ込んできた。その直後シャッターが吹き飛び建屋内に津波が入って来た。2人で走って離れたが恐怖で震えが止まらなかった　東京電力報告書より

新潟県技術委員会は、この説をベースにしながら、電源喪失は、原発の地下に張り巡らされた循環水系や冷却系の配管のどこかが地震で損傷し、そこから津波が流入し、地下1階の非常用発電機が浸水したことによって起きた可能性が否定できないと指摘している。1号機の循環水系の配管は、建設当時、耐震評価されていないことから地震の揺れで損傷した恐れを否定できないというのだ。もし、この「仮説」が真相に近いとすれば、原発地下にある配管の安全性に疑義があるという重大な教訓を突きつけることになる。ただし、この「仮説」を裏づけるためには、タービン建屋地下を詳細に調査し、配管が損傷していることを示す有力な証拠を見つける必要がある。しかし、タービン建屋地下の調査は、事故から10年あまりが経っても強い放射能に阻まれ、実現する見通しすら立っていない。

巨大津波は、どのように福島第一原発の電源を奪っていったのか。その真相は、今もまだ謎に包まれたままなのである。

# 第2章

# 運命のイソコン

福島第一原子力発電所1号機原子炉建屋4階にあるイソコン

## 失われたチャンス　1号機爆発まで22時間52分

全電源喪失から1時間あまりが経った午後4時44分。事故対応の鍵となる重要な情報が中央制御室に入ってきた。「ブタの鼻から蒸気が出ている」免震棟と中央制御室を結ぶホットラインを通じてだった。

当直長の指示を受けて免震棟にいた発電班員が、外の駐車場に出て、1号機の原子炉建屋西側の壁に排気口の穴が2つ並んでいる通称ブタの鼻を見に行っていた。発電班員は、向かって左側の穴からモヤモヤと蒸気が出ているのを確認したという。左側は、稼働させていたA系の排気口だった。確かに蒸気は出ていた。だが、モヤモヤとは。当直長はイソコンが稼働した時に出る蒸気を実際に一度も見たことはなかった。ただ、かつて先輩から聞いたのは、蒸気は勢いよく出てくるという話だった。イソコンは動いているのか疑わしい。当直長の考えは、イソコンが動いていないほうに傾き始めていた。

ちょうどこの時、暗闇に包まれていた中央制御室に大きな変化が起きた。

運転員の一人が声をあげた。

「水位計が見えました」

消えていた1号機の原子炉水位計が再び見えるようになったのだ。津波の海水をかぶったバッテリーの一部が一時的に復活したようだった。1、2号機の中央制御室は、2号機側が真っ暗で計器もまったく見えないのに対して、1号機側は、非常灯がぼんやりと灯っていた。1号機のタービン建屋地下にあるバッテリーは、水をかぶってもごく一部が生き残っていたとみられた。原子炉の水位の値は、燃料の先端から2メートル50センチ上の位置にあることを示していた。津波に襲われる前、原子炉水位は、燃料の先端から4メートル40センチの位置にあった。1時間におよそ1メートル90センチも下がったことになる。水位は、その後も刻々と下がっていた。

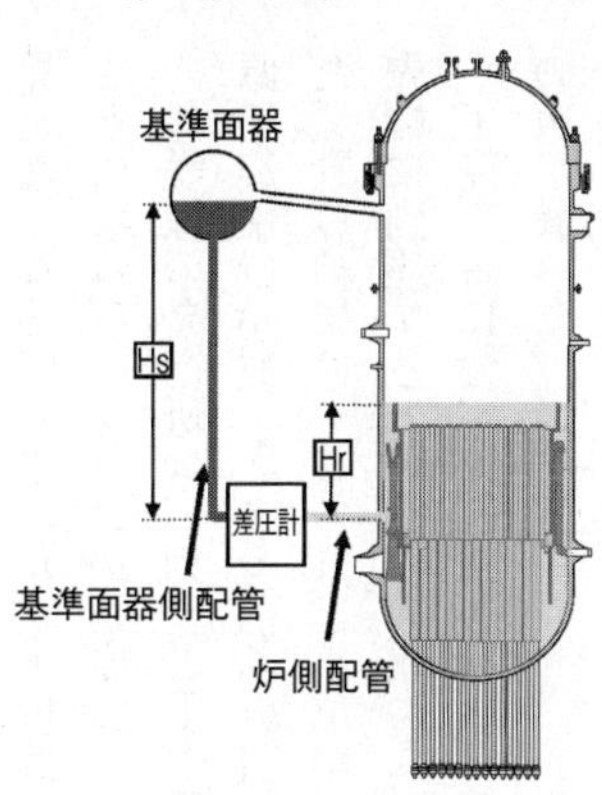

原子炉水位計の構造
（東京電力報告書をもとに作成）

運転員は、照明のないなかで、水位計の脇の盤面に、手書きで時間と水位を記録していった。そして、ホットラインを通じて免震棟へと報告した。

午後4時56分、原子炉水位は燃料先端から1メートル90センチの位置まで下がった。そして、午後5時すぎ、水位計は再び見えなくなってしまった。水位計が見えていた15分間に、水位は60センチも下がったことになる。イソコンが動いていない可能性を示す重要なデータだった。

免震棟の発電班は、刻々と下がる原子炉水位の値を技術班に伝えていた。このまま原子炉水位が低下するといつ燃料の先端に到達するか。技術班が予測をはじき出した。計算結果は、このまま水位が低下すると、1時間後の午後6時15分には、燃料の先端に到達するというものだった。

午後5時15分、免震棟と本店を結ぶテレビ会議で、マイクをとった技術班の担当者の声が響いた。

「1号機水位低下、現在のまま低下していくとTAF(燃料先端)まで1時間!」

1号機の原子炉水位が燃料の先端まで到達するのに、あと1時間の猶予しかない。驚きを禁じ得ない予測だった。イソコンの動作を見極めなければならない重要な警告だった。

しかし、テレビ会議では、すぐに次の担当者がマイクをとって大声で叫んだ。

「事務本館入室禁止!」

続けざまに別のコールが免震棟の中に響き渡った。

「海側バス乗り場まで、海水が来ているため、応援にいけない!」

「4号裏、軽油タンク火災の疑い。煙が5メートルほど昇っている！」

巨大地震と巨大津波の被害が、原発の至る所で勃発していた。所長の吉田には、対応すべきことが次から次に押し寄せていた。

「東京から高圧電源車が来るが、何時間ぐらいかかるか確認してください！」

1号機から6号機まで、確認すべきことや問い合わせのコールが免震棟の中を駆け巡っていた。

保安班の担当者がマイクをとって、大きな声で報告した。

「発電所から帰ろうとしている。時速10キロで流れている」

余震と大津波警報が続く中で、吉田は、事務系の社員らを中心に原発から退避させることを決めていた。多くの社員と作業員は家族も被災している。原子炉の冷却作業に携わることがない社員や作業員、5000人あまりはバスやマイカーで原発を後にした。構内は、およそ2キロにわたって車が数珠つなぎになっていた。

現在のペースで原子炉の水位低下が続くと、およそ1時間で燃料棒の先端部分が露出するという危機を告げる大切な情報は、円卓の吉田の耳へと発せられていたはずだった。しかし吉田の記憶には残っていない。洪水のように押し寄せる他の報告の中に埋もれ、技術班からも発電班からも注意が発せられることはなかった。事故対応の鍵を握る大切な情報が、まるで一瞬の風のように免震棟の円卓の上を通り抜けていってしまった。

イソコンの動きを見極める最初のチャンスは、こうして失われてしまったのである。

## すれちがう免震棟と中央制御室

水位低下の情報が免震棟の円卓にコールされる直前、フル回転していた吉田の頭は、別のことで占められていた。午後5時12分、吉田は消防車や消防用ポンプを使って原子炉に注水する方法を検討するよう指示していた。吉田は、イソコンも2号機のRCICも動いていると考えていた。しかし、バッテリーがなくなる8時間程度でいずれ止まってしまう。その前に別の手段で原子炉を冷却しなければならない。

東京電力は、マニュアルで、過酷事故が起きたときは、消火用ポンプを使って、原子炉に注水することを想定していた。消火用ポンプは、DDFP（Diesel Driven Fire Pump＝ディーゼル駆動消火ポンプ）と呼ばれる軽油を燃料とするディーゼル発電機で動くポンプで、原子炉建屋の隣にあるタービン建屋の地下1階にあった。このポンプを使って、原発構内にある防火水槽からタービン建屋にのびる配管を経由して水を原子炉に注入するというものだった。そのためには、タービン建屋から原子炉建屋にのびる配管の中のいくつかの弁を開け閉めして水の一本道を作る必要があった。吉田は、まずその準備をするよう指示した。

さらに、吉田は消防班長を呼んで、こう言った。

「消防車を使え」

吉田は、マニュアルとは異なり、消防車で防火水槽から汲み上げた水を、消防ホースでタービン建屋の送水口に直接接続して原子炉に向かう水の一本道に繋げて注水するよう指示したのである。防火水槽からタービン建屋にのびる配管は、地震の影響で破断している恐れがあった。だったら、消防車のホースで直接繋げればいい。構内には、4年前の中越沖地震の柏崎刈羽原発の火災を受けて、3台の消防車が配備されていた。消火用ではなく注水用として消防車を使う。原発の補修畑を長く歩み、ときに思い切りの良い対策を実行に移してきた吉田らしい発想だった。

ただし、この策は、最後の手段だと考えていた。原子炉の圧力はおよそ70気圧。これに対して、消防車や消火用ポンプの圧力は10気圧もなかった。注水するときは、原子炉の圧力を大きく下げなければいけない。そのためには、電源が必要で、今はそのあてがない。

していた。

一方、中央制御室では、イソコンの動作に疑いを持っていた当直長が次の指示を出していた。

原子炉建屋4階に行って、イソコンを直接見てくるように指示したのだ。唯一の冷却装置が動いているかどうか。2人一組で時間を決めて現場に行くという新たなルールの下で始まっていた現場確認の中でも、重要なミッションだった。

午後5時19分、2人の運転員が中央制御室を出発した。2人は、イソコンの冷却水が入ったタンクの脇についている水位計を調べ、冷却水が十分に確保されているかを確認することにしていた。作業着に長靴姿の2人は片手に懐中電灯、もう一方の手に放射能汚染を検出するガイガーカウンターを持って、中央制御室の階段を降りて、タービン建屋1階の廊下へと足を進めた。暗闇の廊下は、地震の揺れのためか至る所で工具棚が倒れ、所々に津波で運ばれた海水が溜まっていた。2人は、行く手を阻む障害物を注意深く避けながら、なんとか原子炉建屋にたどり着いた。原子炉建屋の入り口は、放射性物質の漏洩を防ぐために二重扉になっている。

午後5時50分。両手がふさがっているため、肘で二重扉外側の扉を開けようとしたときだった。手にしたガイガーカウンターの針が振り切れた。2人は顔を見合わせた。

二重扉は放射線もかなり防ぐはずだった。扉の外でこうした線量が測定されることはない。嫌な予感が胸をよぎる。作業着姿の2人は、防護服や防護マスクを装着していなかった。持ってきたのはガイガーカウンターだけで、放射線量を数値化する線量計もなかった。放射線量はどれくらいなのか。正確な数値はわからなかった。2人は、中央制御室に引き返すことを選んだ。全電源喪失から2時間あまり経った午後5時50分の時点で、どの程度かわからないが、なぜ放射線量が確認されたのか。地震発生から遡って、福島第一原発で放射線の異常を知らせる報告は、これが初めてだった。しかし、報告を受けた中央制御室の誰もどう判断していいかわからなかった。この段階で、改めて防護服を装備し、放射線の測定器を持って、再び原子炉建屋に行きイソコンの稼働状況を確認する道は選ばなかった。

午後6時18分、中央制御室に新たな動きがあった。制御盤の前に運転員が次々と集まってきた。イソコンの弁の状態を示すランプが、瞬きだしたのだ。津波を被ったバッテリーの一部が何らかの原因で復活したのだろうか。再び一部の計器やランプがうっすらと見え始めた。

イソコンのランプが赤であれば、弁は開。緑であれば閉だった。ランプは緑色に光っていた。イソコンは動いていなかった。当直長は、そう確信した。

次の瞬間、当直長は、運転員に制御盤のレバーで、弁を開くよう指示を出した。

「イソコン、起動しよう。2A弁、3A弁とも開!」

当直長の指示が担当者によって繰り返され、運転員がレバーを操作する。

「開にしました。イソコン起動確認」

「了解。時間18時18分!」

ランプは緑から赤に変わった。1号機の原子炉を冷却するイソコンが、全電源喪失から2時間半経ってようやく起動した。

当直長は、免震棟へのホットラインで、イソコンの弁を開いたことを報告した。さらに、別の運転員に、外に出て1号機の原子炉建屋の「ブタの鼻」から蒸気が発生するか確認するよう命じた。中央制御室の非常扉から外に出ると、1号機の原子炉建屋越しに排気口は直接見えないが、蒸気が勢いよく出れば、見えると考えたのである。建屋の外に見回りにいった運転員が急いで帰ってきた。その報告は、最初は勢いよく出ていた蒸気が、ほどなく「もくもく」という感じになって見えなくなったというものだった。

当直長は、イソコンのタンクの冷却水が減り、蒸気の発生が少なくなったと考えた。タンクの中の冷却水がなくなると、空焚きとなるため、イソコンの配管が破損し、高濃度の放射性物質が外に漏れる恐れもあるのではないか。当直長は決断を迫られた。

「いったん3A弁閉にしよう」

3月11日、午後6時18分。イソコンの弁の閉状態を示す緑色のランプが一時的に点灯した。当直長は弁を開放する操作を指示するものの、7分後に空焚きを恐れて、閉操作を指示した〈再現ドラマ〉(©NHK)

午後6時25分。当直長は、イソコンの弁を閉じるよう指示をした。制御盤のランプは赤から緑に変わった。イソコンは、わずか7分後に再び停止した。1号機で唯一動かすことができた冷却装置は、再び動きを止めた。

しかし、このとき、イソコンを止めたという重要な情報は、吉田には報告されなかった。

当直長と免震棟の発電班がホットラインでやりとりする中で、この重要情報は、まるですり抜けるかのように、円卓に届かなかったのである。吉田は、この段階でもイソコンは動いていると思っていた。

原発操作の最前線である中央制御室と、事故対応の指揮をとる免震棟を結んでいたのは、たった一本の電話だった。テレビ会議のようにリアルタイムに届く映像や音声はなく、互いの声だけのやりとりだった。繋ぎっぱなしでもなく、録音機能もなかった。断続的に行われる中央制御室と免震棟という2つの現場のやりとりの中で、イソコンを止めた事実は、ついに共有されなかったのである。

## 発せられなかったSOS

午後6時30分、中央制御室から防護服と防護マスクを装備したベテラン運転員5人が出発した。

イソコンを止めた当直長は、次の手段として消火用ポンプによる注水という新たな策に乗り出していた。当直長は過酷事故のマニュアルに記されている手順に従い、運転員たちをタービン建屋や原子炉建屋に派遣し、水の一本道を作ろうとしていたのである。すでに、この前に別の運転員たちをタービン建屋地下1階に向かわせ、消火用のディーゼルポンプを起動させていた。このとき、免震棟では吉田の指示によって、この消火用ポンプのラインに消防車で注水しようという作戦の検討と準備が進んでいた。しかし当直長は、吉田の指示はまったく知らず、自らの判断で新たな策に乗り出していた。ここでも免震棟と中央制御室の情報の共有は図られていなかった。

消火用ポンプから原子炉に水を流す一本道を作るためには、電源があれば、中央制御室の制御盤で、いくつかの弁を開くためにレバーを回すだけでよかった。しかし、電源が奪われた今は、人間が直接、原子炉建屋やタービン建屋に入って、5つの弁のハンドルを手で回して開け閉めするしかなかった。

5人は、原子炉建屋やタービン建屋に入って、弁を開ける作業を始めた。ハンドルが固くなかなか動かなかったり、弁が設置されている部屋に入る鍵が合わず、中央制御室にとりに帰ったりして、作業は難航した。

原子炉への水の一本道ができたときは、すでに午後8時30分になっていた。この作業の間に、運転員が原子炉建屋2階にある原子炉圧力計を確認したところ、1号機の原子炉圧力は69気圧※を示していた。消火用のディーゼルポンプの圧力は、7気圧程度。原子炉を大幅に減圧しなければ、とても注水はできない。そのためには、強い電源が必要だった。その電源の復旧は、復旧班が対策に奔走しているはずだったが、当直長は、復旧班が何をしているかも知らなかった。当面はポンプを待機状態にするしかなかった。すべての電源を失って5時間あまり。1号機は、イソコンも動かない、消火用のディーゼルポンプによる原子炉への注水も見通しがたたない八方ふさがりの

※原子炉圧力の単位はゲージ圧。これ以降の原子炉圧力もゲージ圧

状態に陥っていた。

水の一本道を作る作業の間、中央制御室で当直長らは、マニュアルのページを繰り、イソコンは、冷却水の補給がなくても10時間程度動くという記述を見つけた。午後9時30分。当直長は、冷却タンクの空焚きを恐れて一度は止めたイソコンを再び動かすよう指示した。イソコンは3時間ぶりに動き始めた。外に出た運転員が、原子炉建屋越しに白い蒸気が夜の闇の中を流れていくのを確認した。

全電源喪失からおよそ6時間、中央制御室のイソコンを巡る対応は、右へ左へと大きく揺れ動いたと言わざるを得なかった。

後の政府事故調査委員会の調査に吉田は、イソコンを巡る中央制御室の対応をプロ意識ゆえに自分たちだけで抱え込んでしまったと話し、「SOSを発してくれなかった」と強く悔やんでいる。そのうえで「イソコンは大丈夫なのかと何回も私が確認すべきだった」と自ら現場に情報を聞くべきだったと反省している。

ただ、この時点で、原子炉への水の一本道を作っておいたことは、大きな意味をもっていた。午後9時51分、当直長からの指示を受けて、運転員がイソコンのタンクに水があるか確認するために原子炉建屋に入ろうと、二重扉を開けたときだった。放射線計測器が10秒間で0・8ミリシーベルトに達する高い放射線量を示した。原子炉建屋の中には、じわじわと放射性物質が流れ込んできていたのだ。もはや1号機の原子炉建屋の中に入ることができなくなった。その前に、水の一本道を完成させておいたことは、この後、原子炉を冷却する最後の手段をとるための大切な布石になっていく。

## 総理大臣官邸5階

日没が迫った東京・霞が関。午後5時40分すぎ、総理大臣官邸5階の総理執務室に経済産業大臣の海江田万里（62歳）と原子力安全・保安院院長の寺坂信昭（57歳）が顔を揃えた。東京電力からの15条通報を受けて、原子力緊急事態宣言を発令するための上申書を携えていた。1999年、茨城県東海村で起きた臨界事故によって作られた原子力災害対策特別措置法では、深刻な原子力事故が起きた際、総理大臣が緊急事態宣言をすることになっていた。一刻も早く、総理大臣の菅直人（64歳）に、宣言の発令を了承してもらおうと飛び込んできたのだ。

しかし、菅は、開口一番「大変なことになる」と繰り返し、「わかっているのか？」と厳しい口調で2人に言った。続けざまに緊急事態宣言とは、法律のどの条文のどういう文言にもとづくのかと細かなことを聞き始めた。原災法の所管官庁である保安院トップの寺坂も付き添いの担当職員も答えに窮してしまった。寺坂は、この1

時間近く前にも事故について聞きたいと官邸5階に呼ばれたが、菅から非常用発電機は原発のどこにあるのかといった細かな質問を浴びせられ、やはり答えに窮してしまっていた。

東京工業大学応用物理学科を卒業した菅は、弁理士の資格も持つ永田町では少数派の理系出身の政治家だった。学生時代に放射性物質を扱った実験をやっている自分は、「原発について普通の文系の政治家より、多少の『土地勘』がある」と自負していた。

総理執務室では、保安院職員だけでなく、その場にいた官房副長官の福山哲郎(ふくやまてつろう)(49歳)や総理補佐官の寺田学(てらたまなぶ)(34歳)らの官邸スタッフが慌ただしく本棚から六法全書を取り出して、ページを繰り、説明に必要な箇所のコピーをし始めた。

原子力災害対策特別措置法では、臨界事故で周辺住民の避難に手間取った苦い教訓から、深刻な原子力事故の際、避難区域を設定して住民に指示を出すのは、総理大臣と定めていた。ただし、その権限を持つためには、総理大臣が緊急事態宣言を発令し、原子力災害対策本部長におさまる必要があった。そうした法律の根本について菅を納得させる説明を、この場にいた誰もできなかったのである。

そうこうしているうちに、午後6時を回り、予定されていた与野党党首会談の時間が来てしまった。菅は中座して、5分後に総理執務室に戻ってきた。幾人かの説明を経てようやく納得し、午後7時3分、原子力緊急事態宣言が発令された。吉田の報告で15条通報が為されてから2時間18分が経っていた。

　菅を本部長とする第1回目の原子力災害対策本部会議が開かれた後、午後7時40分すぎに総理官邸で記者会見が始まった。スポークスマン役である官房長官の枝野幸男（えだのゆきお）（46歳）が、「これから申し上げるのは、予防的措置でございますので、くれぐれも落ち着いて対応していただきたい」と切り出した。枝野は、午後4時36分に福島第一原発で15条通報にあたる事態が起きたことを受けて、原子力緊急事態を宣言したことを手短に説明した。会見場の記者たちの顔に緊張が走った。その不安を押しとどめるかのように、枝野はいつもの張りのある声で言った。「原子炉そのものに今問題あるわけでございません」そして会見冒頭の言葉を改めて告げた。「くれぐれも落ち着いて、特に当該地域の皆さんには対応していただくよう、よろしくお願いを申し上げます」

　記者会見の後、官邸5階には、菅をはじめとする官邸スタッフのほか、原子力安全委員長の班目春樹（まだらめはるき）（62歳）、寺坂に代わって官邸に詰めることになった保安院次長の平岡英治（ひらおかえいじ）（55歳）、それに東京電力から、武藤の前任の原子力・立地本部長だったフェローの武黒一郎（たけくろいちろう）（64歳）らが集まった。事業者と規制当局の責任ある専門家から事故に

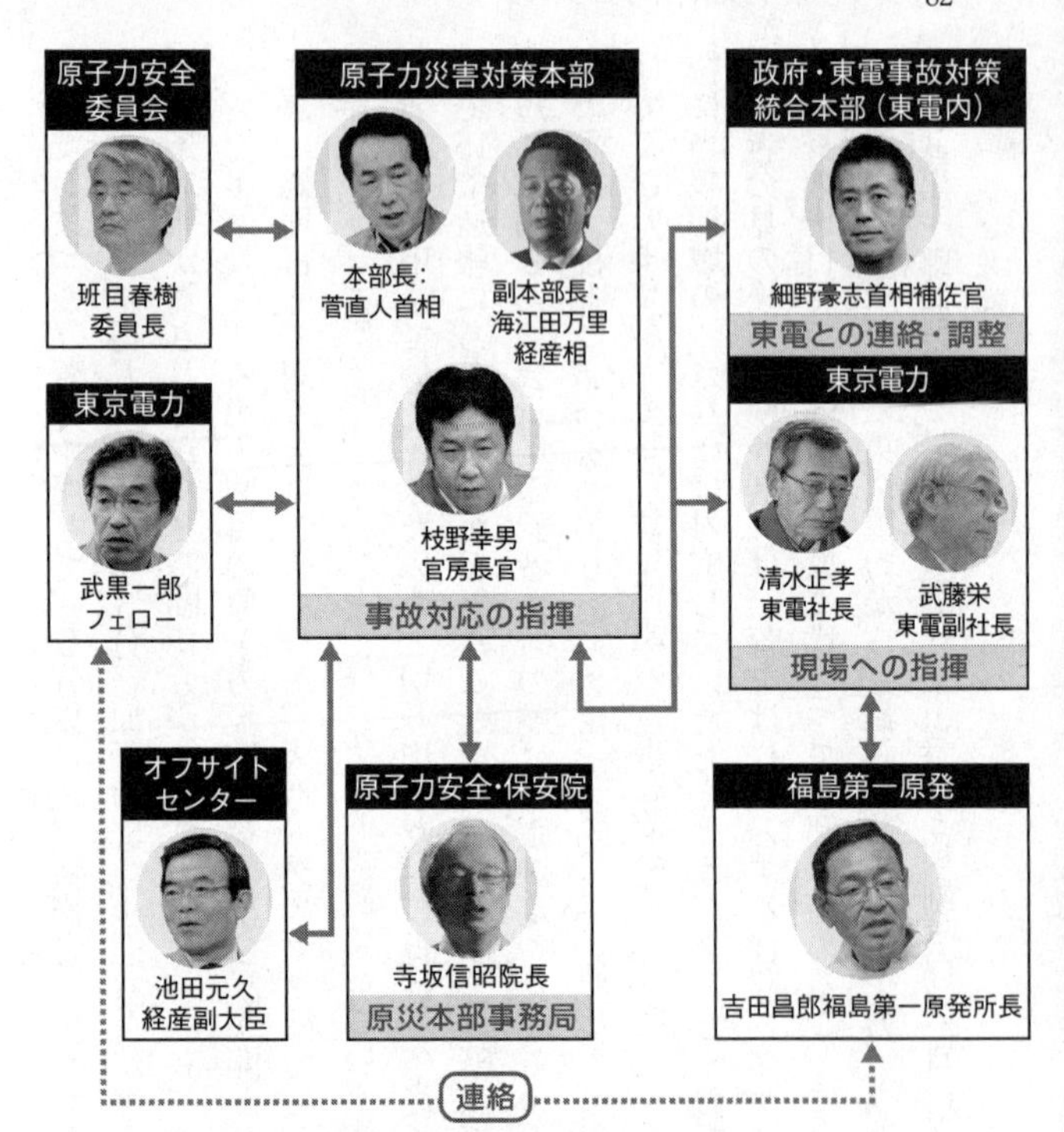


福島第一原発事故対応の連絡体制の概要
福島第一原発事故の対応は事業者である東京電力が主体となって行われたが、実際には、官邸に常駐した武黒一郎・東京電力フェローや官邸スタッフ、班目春樹・原子力安全委員会委員長が吉田所長の電話に直接連絡をとるなど錯綜を極めた。「政府・東電事故対策統合本部」は3月15日午前に発足した

ついて正確な情報を聞くために菅が呼んだのである。

菅は、今何が最も必要なのか武黒に聞いた。武黒は一刻も早く電源車が福島に届くことが必要だと答えた。この時間帯には、ゆうに50台を超える電源車が関東各地や東北から福島に向かっていた。しかし、地震の影響で高速道路は至る所で寸断され、あらゆる道路で渋滞が発生していた。すでに東京電力は、官邸に電源車を警察や自衛隊が先導するよう協力を求めていた。さらに午後6時前には、自衛隊のヘリコプターで電源車を空輸できないか検討を依頼していた。

菅はすぐさま官邸スタッフに自衛隊や警察に全面的に協力するよう指示を飛ばした。総理執務室にホワイトボードが持ち込まれた。官邸スタッフが電話をしながら、どの電源車が、何時何分にどこを走っているかを一台一台書き始めた。電源車の長さや幅はどれくらいまでならヘリコプターに載せられるのかを自衛隊に聞き、ホワイトボードやメモに書き込んだ。警察や自衛隊から入る電話を復唱する官邸スタッフの声が飛び交い、菅や福山も自ら熱心にノートやメモにペンを走らせた。官邸5階の最優先課題はいつの間にか電源車になっていった。

一方、重要課題である避難区域を決めるには、判断材料があまりにも乏しかった。本来は、原子力事故が起きたら、その原発の温度や圧力、放射性濃度などのデータが、保安院の所管するERSSと呼ばれるコンピューターシステムによってリアルタイムで保安院に伝送され、官邸にも共有されるはずだった。しかし、ERSSは、地震の揺れで外部電源を失ってしまったときからまったく動いていなかった。さらに津波による電源喪失で、原子炉の温度や圧力などのデータを示す計器がすべて機能停止に陥り、伝送するはずのデータそのものが計測できなくなっていた。ERSSは、正式名称を緊急時対策支援システムといったが、緊急時の支援にまったく役に立たなかったのである。

データが届かない官邸では、原子炉が冷却できているかどうか皆目見当がつかなかった。ただ、原発構内の放射線については、東京電力が午後5時頃から断続的にモニタリングカーを使って測定したところ、これまでのところ異常はないということだった。班目や平岡は、冷却できなかった場合、原子炉格納容器から圧を抜くために放射性物質を外部に放出するベントの実施がありうると菅に説明した。そして国際的な指針では、ベントを前提にしても住民の避難範囲は、3キロにしていると説明した。平岡は、国内でもベントがあるような深刻な事故を想定した訓練では、避難範囲は3キロにしているとつけ加えた。

午後9時23分、菅は福島第一原発から半径3キロ圏内に避難指示を出し、3キロから10キロ圏内の住民に屋内退避指示を出した。

これ以降も福島第一原発のデータは、東電本店から保安院経由でFAXなどでわずかに送られてくるだけで、官邸では、原発の状態はほとんどわからなかった。この時点で、東電本店が免震棟とテレビ会議を通して、リアルタイムに情報を共有していることを知る者は、この場にいた官邸や保安院関係者の中には誰もいなかった。ましてや、電話回線などを使って東電本店のテレビ会議システムと接続すれば、官邸や保安院でもテレビ会議を見ることができる仕組みになっていたことについては、知る由もなかったのである。事故を起こした原発のデータが送られてくるシステムがないなかで、専門家が政治家から重要な判断を迫られると、様々な混乱を巻き起こすことになることを、総理官邸に集う関係者は、この後思い知らされることになる。

最優先課題となった電源車搬送は、一進一退を繰り返していた。期待をかけていた自衛隊ヘリコプターによる空輸は、電源車の重量が重すぎて断念せざるを得ないと回答があった。官邸5階は落胆に包まれた。

その直後、間もなく最初の電源車が着きそうだと電話が入った。午後10時、東北電力の高圧電源車が福島第一原発に到着したという一報が入ってきた。ワーという大きな歓声があがり、若いスタッフが抱き合って喜びを分かち合った。しかし、間もなく

高圧電源車。事故当時、福島第一原発には、多数の電源車が派遣されたが、プラントの配電盤に接続する規格の電源車がなかなか到着しなかった

すると、接続するプラグがあわないという報告が入ってきた。ボルト数も違うという。官邸5階は静まりかえった。「電力会社がなぜ電源車のことがわからないのだ」菅の不信感がピークに達しようとしていた。この頃から、菅は、自分自身で現場を確かめなければいけないと思い始めていた。

## 電源復旧への助走

夕闇に包まれた免震棟の一角で、復旧班長の稲垣に声がかかった。

「電源盤を見に行かせてほしい」復旧班の部下だった。部下と言っても、47歳の自分より年上の50代のベテラン社員だった。大学院で機械工学を修めた稲垣は、IAEA・国際原子力機関への勤務を命じられ6年にわたるウィーン暮らしを経て、1年半前に福島に赴任した。部下の多くは、地元福島の高校を卒業した後ずっと現場勤務を続けてきた社員で、自分よりはるかに福島第一原発の機器や電源設備を隅々までよく知っていた。つい1時間前もその部下のうちの４人が外部電源喪失の原因を調べたいとやはり自ら志願してきて、原発敷地の高台にある開閉所と呼ばれる送電線の受電設備の調査に送り出したところだった。しかし、電源盤は、高台ではなく、海岸すぐそばのタービン建屋にある。

「大津波警報が出ているから駄目だ」稲垣は即座に言ったが、ベテラン社員は「そんなこと言ったたって待っていられない」と一歩も引かなかった。考えあぐねた末、安全担当の社員を同行させ放射線量の測定器を持つことを条件に、５人のグループで現場に行かせることを認めた。満潮になる前に、必ず現場を離れることを約束させ、午後６時、５人を送り出した。すでに日は没し、あたりは一面暗闇に包まれていた。５人は、５００メートル南東にある1号機のタービン建屋をめざして歩き始めた。懐中電灯の灯りが、行く先々に円形の穴がぽっかりと真っ黒な口を開けているのを映し出した。津波の影響で水が噴き出し、蓋が吹き飛んだマンホールだった。その穴を避け、散乱する瓦礫（がれき）の山をよけながら、1号機のタービン建屋にたどり着いた。大物搬入口のシャッターは、津波の水圧に押しつぶされて折れ曲がり、その隙間から5人は中に入った。

入り口近くにあった高さ2メートルある電源盤を懐中電灯で照らすと、砂や海藻が

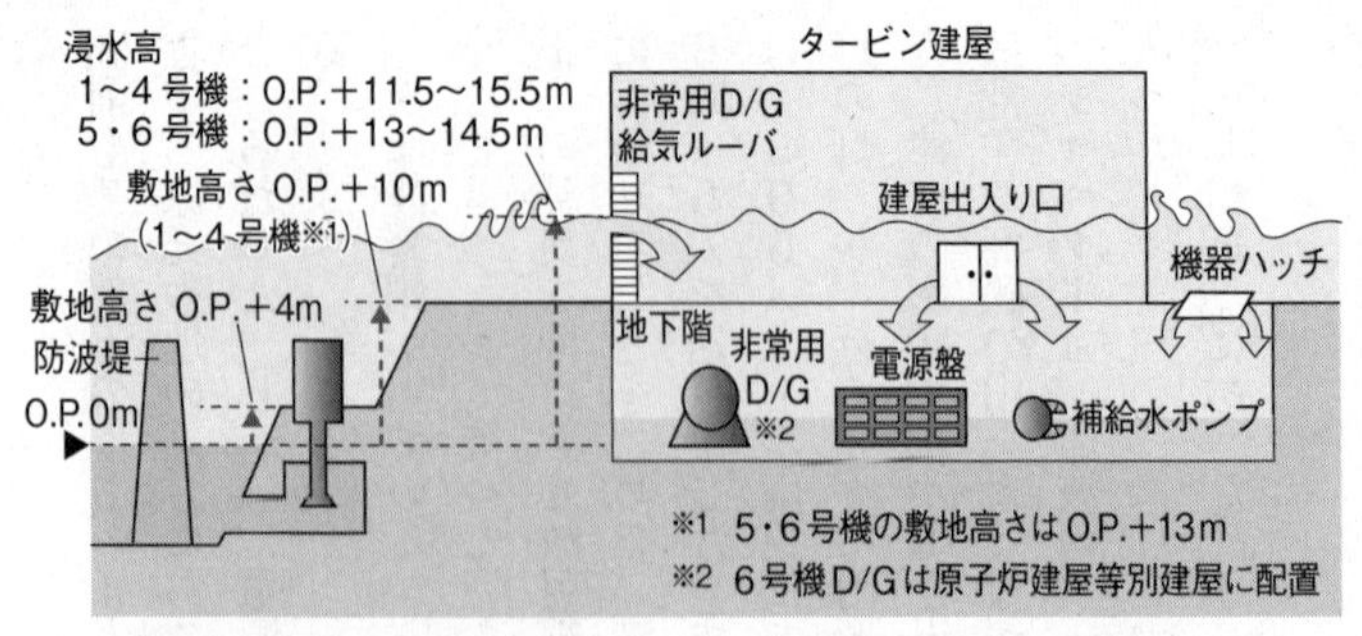


注）O.P.：小名浜ポイントの略号で海抜の単位。
福島県小名浜湾の1年間の平均潮位を「0」としたもの。D/G はディーゼル発電機の略号

**電源盤は、海岸近くにあるタービン建屋の地下にある。電源盤や非常用ディーゼル発電機は、隣接するエリアからの浸水防止のため堰や水密扉などを設置していたが、非常用ディーゼル発電機の給気ルーバや機器ハッチなどの上部から海水が流れ込んだ** 東京電力報告書より

1メートル以上こびりついているのが見えた。メタクラと呼ばれる6900ボルトの電流が流れる電源盤だった。電気抵抗を測るテスターを繋いだが、まったく反応しなかった。同じフロアにあるパワーセンターと呼ばれる480ボルトが流れる電源盤も反応がなかった。1号機の電源盤は、高圧も低圧も常用も非常用も同じ1階フロアに置かれていた。危機分散がされていない弱点を津波は見透かしたかのように突いてきたのだ。落胆しながら5人は2号機のタービン建屋に向かった。地下1階は水に覆われ、メタクラはすべて水没していた。1階の電気品室に入ると、水は床面5センチほどだった。室内にあるパワーセンターに祈るよ

うにテスターをあてると、待ちかねていた反応があった。2号機のパワーセンターは生きていた。

午後9時前、免震棟に無事戻ってきた部下の報告を聞きながら、稲垣の胸に光明が差してきた。2号機のタービン建屋近くまで480ボルト用の電源車を運び込み、なんとかパワーセンターに接続すれば、2号機はもちろん電気融通システムで結ばれている1号機も電源が復旧する。事態は大きく好転するはずだ。

午後10時。待ちに待った最初の電源車が構内に入ってきた。東北電力が派遣してくれた電源車だった。しかし、電源車の電圧を聞いて稲垣は失望を隠せなかった。6900ボルト用の電源車だった。午後11時半。自衛隊の電源車が到着した。今度こそと復旧班が待ち構えていたが、100ボルト用の低圧電源車だった。この後、本店と官邸が必死になって送り込んでくれた電源車が次々と到着したが、その電圧はいずれも6900ボルト用か100ボルト用で、現場が待ち望む480ボルト用の電源車は1台もなかった。実は、480ボルト用の電源車は、一般には配備されていない特殊な車両だった。電源車は、配電部門の管轄だったため、復旧班の多くが、電源車の規格や仕様に詳しくなかったのである。復旧班は、大幅な戦術変更を迫られていた。

浸水した2号機の電源室（左）と
福島第二原発4号機の海藻がこびりついた海水ポンプ

6号機電気品室の浸水状況
東電社員の証言：電気品室は水があった。長靴での作業。電気がきていないとは思っているが、感電の可能性もあり、死ぬかもしれないと思いながらの作業であった　東京電力報告書より

## 矛盾する水位計と放射線データ　1号機爆発まで18時間17分

　全電源喪失から間もなく6時間が経とうとしていた。苦闘が続く免震棟に朗報が飛び込んできた。午後9時19分。1号機の原子炉水位は燃料の先端より上にあることがわかったと報告が入ってきたのだ。中央制御室の原子炉水位計が復活し、計測したところ原子炉水位は「TAF200ミリ」だったというのだ。原子炉水位は、燃料先端から20センチにあり、冷やされていることを意味した。吉田は、ほっとした。水位が確保されているかどうかが最も気がかりだった。何よりの安心材料だった。

　原子炉水位計が復活したのは、復旧班の機転のおかげだった。復旧班は、原発構内の協力会社の事務所にあった6ボルトバッテリー4個と通勤バスの12ボルトバッテリー2個を取り外し、中央制御室に持ち込んでいた。あわせて24ボルト分のバッテリーをケーブルで直列に結んで制御盤の裏にある原子炉水位計用の端子に繋げたのだ。マニュアルにはまったくない急遽(きゅうきょ)編み出した苦肉の策だった。これが功を奏し、原子炉水位が判明したのである。

　水位判明の朗報は、テレビ会議ですぐに東京本店にも伝えられた。

　本店の小森は「これならまだ何とか対応できる」と安堵した。

免震棟の復旧班は、原発構内の協力会社の事務所にあった6ボルトバッテリー4個と通勤バスの12ボルトバッテリー2個を取り外し、合計24ボルト分のバッテリーをケーブルで直列に結んで制御盤の裏にある原子炉水位計用の端子に繋げて、原子炉水位計を復活させた

1号機の水位は、午後10時に「TAF＋550ミリ」。午後10時35分には「TAF＋590ミリ」と報告された。水位計は、燃料の先端から59センチ上部まで水があることを示していた。

さらに2号機の水位も午後9時50分に「TAF＋3400ミリ」と燃料先端から3メートル40センチ上部にあるという報告が入ってきた。

免震棟の円卓では、吉田の隣で福良も胸を撫で下ろしていた。

しかし、それもつかの間、矛盾するとしか思えない情報が入ってきた。

午後9時51分、中央制御室の運転員が1号機の原子炉建屋に入ろうとしたら、二重扉の前で10秒間で0・8ミリシーベルトに達する高い放射線量を計測したというのだ。

おかしい。原子炉の中で燃料は水に浸かっている

1号機の原子炉水位計。運転員は、電源復旧前、一時的に読み取れた計測値を水位計の横に書いていた

はずなのに、原子炉周辺の放射線量は高くなってきている。本当に原子炉は冷却されているのか。吉田は疑心暗鬼になってきた。

電源さえ生きていれば、エリアモニターと呼ばれる放射線量の測定器が原子炉建屋の様々な場所の放射線量のデータをリアルタイムにモニターし、どこにどの程度の異常の値があるかを知らせてくれるはずだった。そうすれば、異常値があった近くの配管や機器を調べろということになって、放射能漏れを確定し、ひいては事故の拡大を防いでいけるはずだった。しかし、その肝心な放射線量のデータが電源喪失で奪われてしまった今、的確に判断する術（すべ）を失っていた。

水位計と放射線量という矛盾するデータをどう解釈すればいいのか。吉田は頭を悩ませながら、事故対応の指揮にあたらなければならなかった。

吉田の指示を受けて、放射線の測定と防護を担当する保安班が正確な放射線量を測るため免震棟からタービン建屋に向かった。午後11時、タービン建屋1階北側から原子炉建屋に入る二重扉の前で1時間あたり1・2ミリシーベルト、南側の二重扉の前で0・5ミリシーベルトの放射線量が測定された。この数値だと、二重扉の向こう側の原子炉建屋の中は1時間あたり300ミリシーベルトの高い放射線量になっていると推測された。報告を受けた吉田は、すぐに1号機の原子炉建屋に入ることを禁止した。いよいよおかしい。吉田は、「これは何か変なことが起きている」と思い始めた。

吉田の隣の福良も「何か予期せぬことが起きている」と考え始めていた。原子炉建屋の中の放射線量が上がっているということは、高い放射能レベルをもった何かが近くにあるということだ。しかし、なぜそんな得体の知れないものがあるのか。肌寒くなるような不安が胸に広がってきた。

時間は刻々と過ぎていった。しかし、具体的に打つ手が思い浮かばなかった。

全電源喪失から8時間あまりたった午後11時50分。ついに、吉田に1号機の原子炉が危険な状態に陥っていることを示す決定的なデータが突きつけられた。

中央制御室で、小型発電機による計器の復旧が進み、これまで確認できなかった格納容器の圧力が見え始めたのである。数値を見た運転員が、驚いて声をあげた。

「ドライウェル圧力確認。※ 600キロパスカル!」

600キロパスカル。6気圧。通常の格納容器圧力の6倍もの値だった。設計段階

※格納容器圧力の単位は絶対圧。これ以降の格納容器圧力も絶対圧

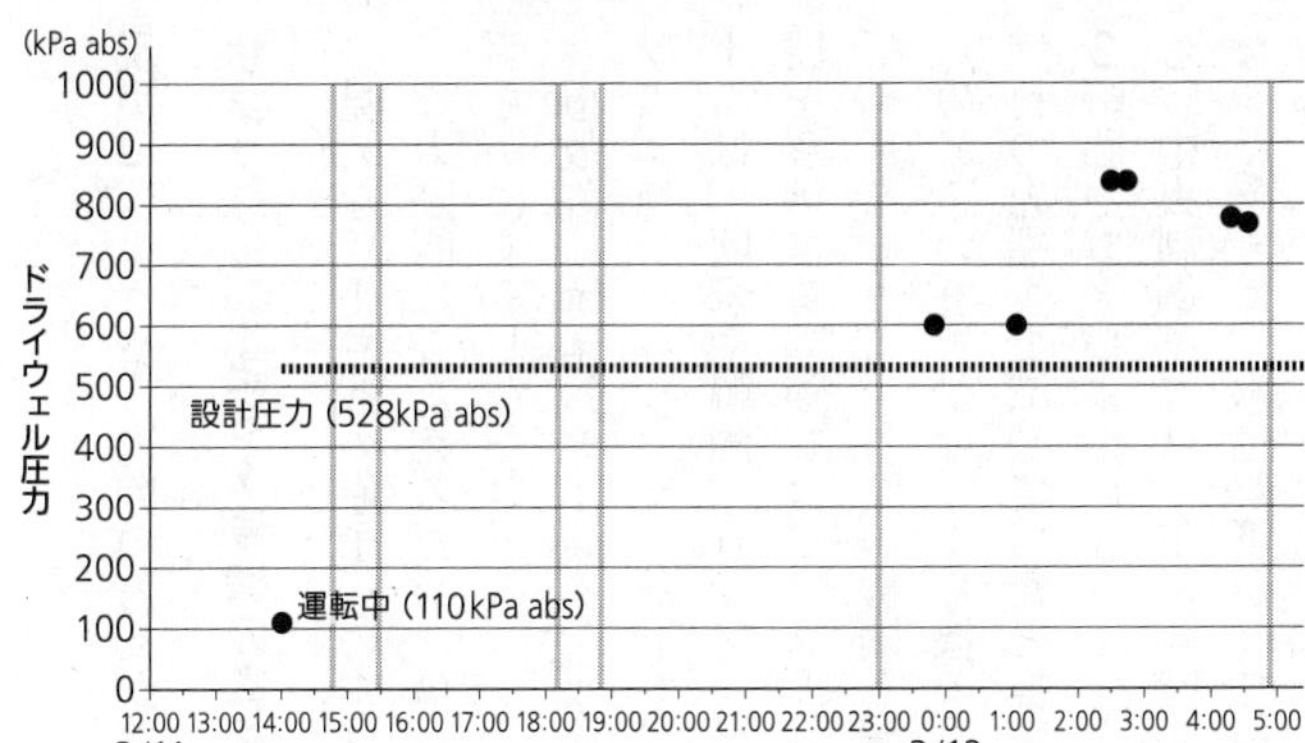


**ドライウェル圧力の推移**
**11日午後11時50分になってから、全電源喪失後初めて1号機の格納容器の圧力が計測できるようになった。ドライウェル圧力は600kPa[abs]と運転中のドライウェル圧力の約6倍で、設計上耐久性が保証される設計圧力528kPa[abs]を上回っていた。ちなみにドライウェルは、原子炉格納容器内のサプレッションチェンバー（圧力抑制室）を除く空間部を指す**
（東京電力報告書をもとに作成）

で想定している最高圧力の５・２８気圧を上回る異常上昇だった。１号機の異常を意味するデータはすぐに免震棟に伝えられた。このときになって初めて、吉田は、イソコンが正常に作動していないと確信した。格納容器圧力の異常上昇。それは高温高圧になった原子炉から大量の放射性物質を含んだ水蒸気が格納容器に抜け出ていることを意味する。すると原子炉は冷却されていない。すなわちイソコンは動いていない。

原子炉の中で核が放つ膨大なエネルギーが引き起こしている

現実に、ようやく人間の考えが追いついた瞬間だった。

見えない1号機の原子炉の中は、どうなっていたのだろうか。

この疑問にこたえるためには、原子炉で何が起きていたかをシミュレーションから明らかにするしかない。

## サンプソンが語る1号機の真相

事故後、エネルギー総合工学研究所の内藤正則（ないとうまさのり）（66歳）は、日本独自の計算プログラム「サンプソン」（SAMPSON）を使って、事故進展を再現している。内藤のチームは、欧米や韓国、ロシアなど世界11ヵ国の機関とともに、福島第一原発の事故進展を解析する国際プロジェクト（BSAF）に参加し、2015年3月に第一段階の解析結果をまとめ、各国の機関と議論を重ねながら解析の更新を続けた。2023年時点の最新の解析では、1号機の原子炉は、11日午後5時55分の時点で、すでに水位は燃料の先端まで減っていたと推定されている。イソコンが動きを止めてから、わずか2時間で原子炉水位は4メートル40センチ下がって、燃料先端に達していたのである。中央制御室では、午後4時40分すぎから一時的に原子炉の水位計が見えるようになったときに、水位が下がっていることに気が付き、免震棟に伝えた。免震棟の技術班は、午後5時15分に、1時間後には、原子炉水位が燃料先端に到達するという予測を発言しているが、その予測は「サンプソン」の解析と概ね一致している。しかし、当時、免震棟では共有されず、その後も顧みられることがなかった。

「サンプソン」によるシミュレーションでは、吉田所長が、原子炉建屋二重扉の高放射線量の計測によって、イソコンが動作していないことを確信した3月11日午後11時台には、1号機原子炉ではメルトダウンが急激に進行し、格納容器を破損させるメルトスルーに近づきつつあった（©NHK）

「サンプソン」の解析では、午後7時29分に原子炉の中の核燃料の温度はおよそ2200℃に達し、燃料溶融、メルトダウンが始まったとしている。ちょうど同じ午後7時40分頃、東京の総理官邸の会見では、官房長官の枝野がくれぐれも落ち着くようにと繰り返し述べ、「原子炉そのものに今問題あるわけではない」と全国に向けて説明していたが、その説明とは裏腹に、原子炉の中では、すでにメルトダウンが始まっていたのである。

内藤は、燃料が溶け始めると、原子炉から格納容器に放射性物質が漏れ出し、その放射性物質は、高温高圧にさらされた格納容器の

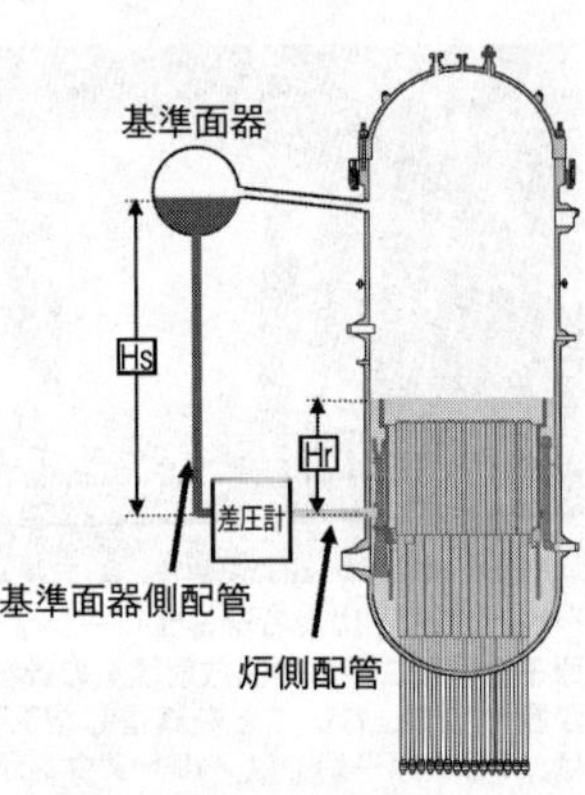


原子炉水位計の構造（再掲）
（東京電力報告書をもとに作成）
原発の水位計は、直接水位を測るのではなく、原子炉に繋がっている金属製の容器を使って水位を計測している

繋ぎ目などわずかに隙間になったところから、原子炉建屋内に漏れ始めたと推定している。1号機の原子炉建屋では、午後9時51分、二重扉前で10秒間で0・8ミリシーベルトに達する高い放射線量が計測されている。内藤は、このときに測定された放射線量こそ、「サンプソン」が推定する原子炉の状態と符合し、原子炉がメルトダウンしていた重要な兆候だったと話している。

午後9時から午後10時にかけての時間帯は、復活した原子炉水位計では、燃料は、水の中に十分つかっているというデータが次々と報告され、吉田を安心させている。しかし、「サンプソン」の解析によると原子炉水位は、午後9時以降は、燃料は水につかっているどころか、むき出しの状態だったとみられている。

午後11時には、原子炉建屋二重扉前で1時間あたり1・2ミリシーベルトの高い放射線量が測定される。水位計のデータと矛盾するため、吉田は疑心暗鬼に陥るが、イソコンが動いていないと確信するのは、格納容器圧力が通常の6倍に上昇していたデータが判明した午後11時50分になってからだった。

原子炉の中で起きていた現実は、吉田がわずかに得られたデータをつぎはぎしながら思い描いていた姿とはまったく異なり、猛スピードでメルトダウンへと突き進んでいたのである。

吉田ら免震棟の動きと「サンプソン」の解析を重ねてみていくと、原子炉の異常を早くから知らせていたデータは、原子炉建屋で実際に測定された放射線量だったのではないだろうか。

それにしても、水位計が示した数値は、なぜ、実際と異なっていたのだろうか。

事故後、水位計が正常に機能していなかったことが明らかになっている。原発の水位計は、直接水位を測るのではなく、原子炉に繋がっている「基準面器」という金属製の容器を使って水位を計測している。容器の中には一定量の水が入っていて、この水が水位計の「基準」となる。ところが、事故時は、原子炉が高温になって「基準」となる水が蒸発していたのである。このため、水位が正しく示されなくなったのである。しかも「基準」の水が減ると、原子炉の水は変化していないのに、水位を示す表示は上昇していくという。こうして1号機の水位計は、原子炉の水が燃料先端より上にあると示していたのである。

後の政府事故調の調査に、吉田は「今にして思うと、この水位計をある程度信用していたのが間違いで」と吐露したうえで、「大反省です」と語っている。

# 第3章
# 決死隊のベント

1、2号機で防護服に身を包む作業員たち 〈再現ドラマ〉(©NHK)

**東電社員の証言**

ベントに行ける人間を募った。比較的若い運転員も手を挙げた。涙が出る思いだった。当直長をそれぞれ割り振るように編成した。完全装備で線量が高い状況かもわからない中に行かせるので、若い人は行かせなかった　東京電力報告書より

## 午前0時　決断を迫られる免震棟　1号機爆発まで15時間36分

日付が変わった3月12日午前0時すぎ。1号機の格納容器の圧力が通常の6倍に達しているのがわかり、吉田は新たな決断を迫られていた。圧力上昇は、原子炉から大量の蒸気が格納容器に漏れ出ている結果とみられた。すでに原子炉の水位は低下し、むき出しになった高温の燃料が溶け出している可能性が高かった。メルトダウンが現実のものとして吉田に突きつけられていた。

このままでは、格納容器の圧力はさらに高まり、格納容器が破損しかねない。それを防ぐためには、格納容器から気体を放出する「ベント」を行うほかなかった。

午前0時6分、吉田は、ベントの準備をするよう発電班と復旧班に指示を出した。

ベントは、急激に高まる圧力で格納容器が破損するのを防ぐために、格納容器内の気体を外部に放出し、圧力を下げるための緊急措置である。

しかし、格納容器の気体には放射性物質が含まれている。原発からは絶対に放射性物質は漏れないと地元自治体や住民に説明してきた電力会社にとって、重大な決断だった。

原発事故でベントを実施したケースは、日本国内はおろか、海外でも例がなかっ

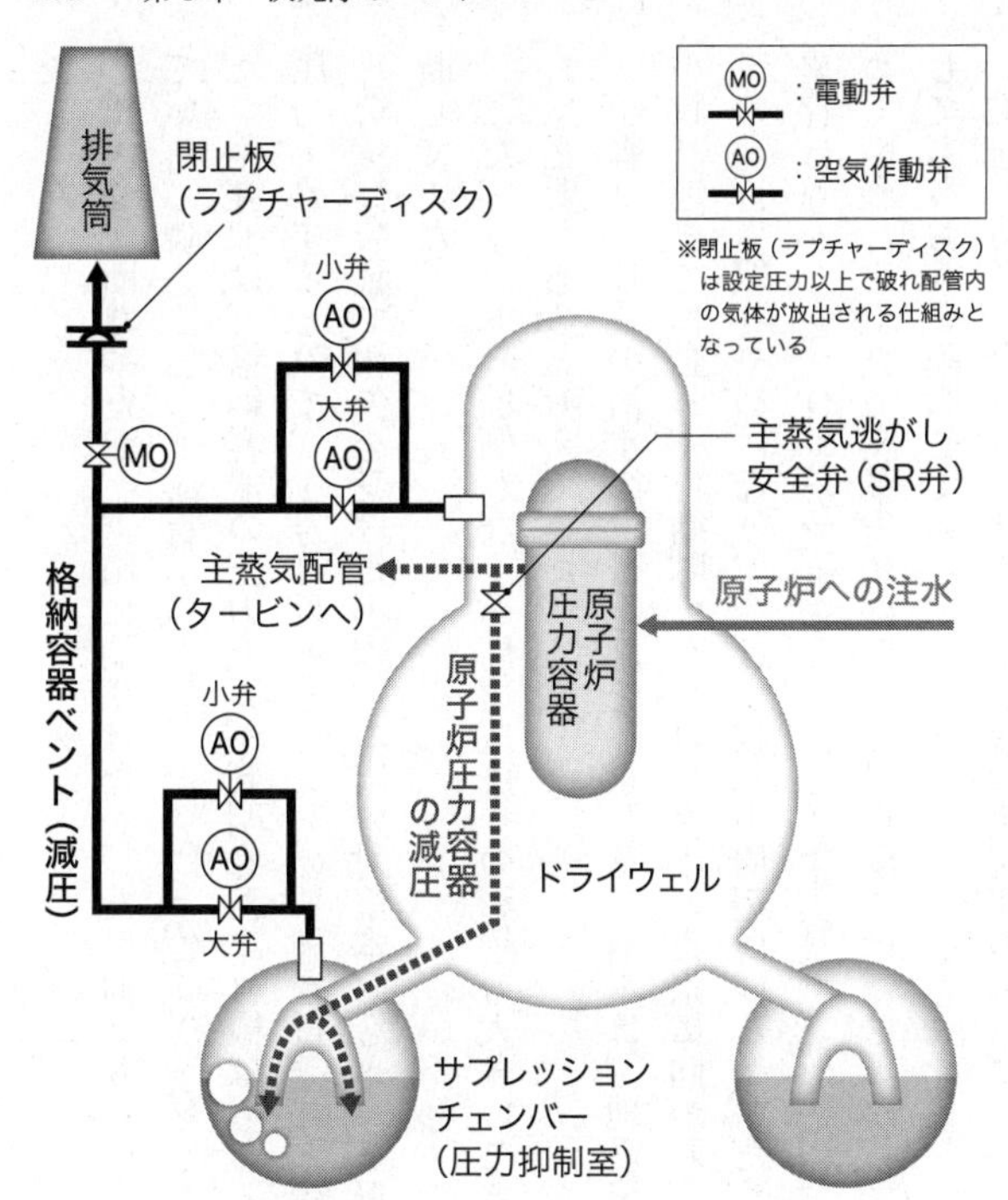


注．格納容器：ドライウェルと圧力抑制室をあわせた部分

**格納容器ベントの仕組み**　（東京電力報告書をもとに作成）

**格納容器ベント：格納容器の圧力の異常上昇を防止し、格納容器を保護するため、放射性物質を含む格納容器内の気体（ほとんどが窒素）を一部外部に放出し、圧力を降下させる措置。格納容器はドライウェルとサプレッションチェンバー（圧力抑制室、ウェットウェルともいう）に分かれる。ドライウェルからのベントラインと圧力抑制室からのベントラインの2種類があり、ライン上にAO弁（空気作動弁）の大弁、小弁がある。2つのラインの合流後にMO弁（電動弁）と閉止板（ラプチャーディスク）があり、排気筒に繋がる。閉止板は、放射性物質の想定外の流出を防ぐために、あらかじめ設定した圧力以上で破裂するよう設定された安全装置のこと。サプレッションチェンバーを通して行うウェットウェルベントは、貯蔵された水を通すことで放射性物質を除去する効果が期待できる**

た。

重大な決断だったが、吉田に躊躇はなかった。何よりも圧力を下げるべきだと考えていた。隣のユニット所長の福良も「なんとか早くしないといけない」と思っていた。免震棟は、格納容器の圧力上昇が判明した1号機はもちろん、2号機もやがては圧力上昇するとみて、1号2号ともベントの準備を行うことにしていた。テレビ会議で報告を受けた小森ら本店の対策本部もベント以外の選択肢はないと判断していた。

ただ、ベントは前例がなく、周辺住民への影響も大きいことから国の了解をとっておく必要があると考えていた。

小森は、社長の清水の携帯電話を鳴らした。清水は、地震後、奈良県から愛知県の小牧基地まで移動し、自衛隊のヘリコプターで東京に向かおうとしたが、ヘリコプターの飛行は取りやめになり、今は小牧基地周辺にいるはずだった。電話に出た清水に異存はなかった。社長の了解をとりつけた小森は、海江田や保安院の了承をとるため、慌ただしく経済産業省に向かった。官邸では、武黒が菅にベントの必要性を理解してもらおうと説明していた。

午前1時半。東京本店はテレビ会議で免震棟の吉田に向かって、総理や経済産業大臣の了解が得られたと告げ、こう呼びかけた。

「あらゆる方策をとってベントしてほしい。午前3時に経産大臣と一緒にベントの実施を発表する。その後にベントを実施してほしい」

本来、ベントは、事業者の判断と責任において行う措置だった。この緊急時に至っても、所管官庁や政府に幹部がわざわざ足を運んで了解を確認しようとしたのは、放射性物質を外部に出すという影響の大きさもあったが、少しでも責任を分担してもらおうという思惑が見え隠れする振る舞いだった。しかし、このときに結んだ午前3時という約束が、この後、政府や東京電力、それに吉田を思いがけず縛っていくことになる。

午前3時のベント実施に間に合うように、吉田はいち早く準備を整えようとした。しかし、それはすぐに壁にぶつかった。通常、ベントは中央制御室でスイッチやレバーを操作して実施するものだった。ところが、電源がない今、運転員が原子炉建屋に入って、手動で弁を開けなければならなかった。その原子炉建屋の放射線量は、今や1時間あたり300ミリシーベルトと推定されていた。日本の法令で許された原発作業員の被ばく放射線量は、最大100ミリシーベルト。免震棟の担当者は、300ミリシーベルトだと、作業時間は17分が限度だと説明した。17分では、かなり効率的な作業が求められた。開くべきいくつかの弁の位置を正確に把握し、行き帰りのルートを最短にするために綿密な作戦が必要だった。原子炉建屋の中を10キロ以上はある防護装備で走り回らなければならないかもしれない。

「そんなに大変なのか」吉田は、最前線の現場が直面する困難さを突きつけられた気がした。「事故対応の指揮をとる自分がいる免震棟は現場と言っても、『準現場』なのかもしれない」そんな考えが頭をよぎった。さらに遠く離れている本店は、早くやれと指示するだけで、この困難さに考えが至っていないのではないのか。中央制御室と免震棟、そして東京本店との間に大きな溝があり、その幅がどんどん広がっているようだった。

午前2時30分、円卓の吉田に1号機の格納容器圧力が8・4気圧に上昇していると連絡が入った。

通常の圧力の8倍だった。事態は急を要していた。しかし、1号機の原子炉建屋の放射線量は高い。これでは午前3時だと、とても準備が間に合わない。何か策を考えなければならなかった。

午前2時34分。テレビ会議で免震棟と本店は午前3時に2号機のベントを実施することを申し合わせた。2号機は、午後11時25分に判明した格納容器圧力が、1・41

気圧とほぼ通常の値で、１号機より切迫感はなかった。しかし、冷却装置のＲＣＩＣが動いているかわからないため、やがては１号機と同じ道をたどる可能性があった。建屋内の放射線量が高くない今なら、作業しやすかった。

午前３時にまず２号機のベントを実施する。１号機は後回しにして引き続き準備を進める。新たな方針が決まった。しかし、約束時間の午前３時のわずか５分前の午前２時55分のことだった。免震棟に２号機の冷却装置ＲＣＩＣが動いているという情報が飛び込んできた。２号機の原子炉建屋地下１階にあるＲＣＩＣにベテラン運転員２人が苦労の末、たどり着き、確かに動いていることを確認したというのだ。２号機の原子炉は冷却され、原子炉圧力にも異常はないということだった。

吉田は胸を撫で下ろした。２号機は大丈夫だ。しかし、ほっとしている暇はない。すぐに方針転換を告げなければならなかった。

２号機のベントを取りやめるという方針転換を吉田はテレビ会議で本店に告げた。２号機は冷却できていることが確認できたためベントの必要はなくなったのである。ベントは１号機のみ実施することになった。午前３時という約束に縛られ、錯綜する情報に翻弄され、ベント方針は、右へ左へと迷走していた。

## 午前3時　霞が関　紛糾する会見

1号機爆発まで12時間36分

午前3時すぎ。霞が関の経済産業省で、東京電力が緊急の記者会見を始めた。会見に臨んだのは本店対策本部の代表代行の小森だった。経産大臣の海江田と保安院院長の寺坂も陪席した。

小森は、開口一番、ベントを実施すると述べ、「午前3時くらいを目安に速やかに手順を踏めるように現場には指示しています」と語った。

すかさず、記者から疑問の声があがった。

「3時って、もう3時ですよ」

すでに午前3時を10分回っていた。

小森は「目安としては早くて3時くらいからできるように準備をしておりますので、少し戻って段取りを確認してから……」と返すのがやっとだった。

当初、東京電力は、午前3時を目標にベントをすると考えていたが、準備をしているうちに、あっという間に午前3時になっていたのだ。

小森はベントについて説明を続けた。

「まずは2号機について圧力の降下をするというふうに考えております。2号機は、夕方くらいから、原子炉に給水するポンプの作動状況がかなり見えない状況になっています」

にわかに会見場がざわついた。

記者の誰もが、1号機の格納容器の圧力が異常上昇したので、当然、1号機からベントすると思っていたからだ。混乱する記者から矢継ぎ早に質問が飛んだ。

「まず、1号機ではないのですか？」

「今、1号機の話をしているんじゃないの？」

小森が答える。

「圧力が上がっているのは、1号機でございますが、1号機も2倍にいっているわけでなくて……。注水機能がブラインドに（見えなく）なっている時間が長い2号機のほうが本当かと疑っていくべきだと」

1号機の格納容器の圧力は8・4気圧。設計時に想定した最高圧力の5・28気圧の2倍までには達していないため、まだ猶予がある。むしろ全電源喪失以降、注水が確認できていない2号機のほうに不安要素があるという説明だった。

しかし、8・4気圧は通常、格納容器にかかる圧力のおよそ8倍にあたる異常な値である。納得できない記者から、質問が投げかけられる。

「1号機は、もうレット・イット・ゴー（対応必要）の状態なんですよね。2号機はなぜですか？　突然、出たのでびっくりです」

小森はあくまで2号機の危機を強調する。

「本当に給水できているかどうかというのが、一番最初に怪しくなったプラントが2号機です」

「我々が技術的に理解しているものから見て、なかなか説明がつかないというのが2号機であります」

会見が始まる直前の午前2時半すぎ、免震棟と本店は2号機のベントを優先する方針を決めていた。1号機のベント弁を開ける作業は、高い放射線量のため、準備に時間がかかる。1号機は深刻な状況にあるが後回しにして、まず放射線量が高くなく、作業が可能な2号機からベントを実施するという戦略だった。しかし、刻々と変わる情報の中で、小森はこの複雑な戦略を咀嚼しきれずに会見に臨んでいた。その後も、小森は繰り返し、1号機ではなく、2号機が危機的状況にあることをことさらに強調するという奇妙な説明を続けた。納得できない記者の質問が、次第に詰問調になり、記者会見は紛糾し始めた。

会見が始まって30分近くが経った頃だった。突然、東京電力の原子力担当の社員が会見を遮り、怒鳴るように告げた。

「今、入った情報でございますけど、現場で、ＲＣＩＣという設備で2号機に水が入っていたことが確認できたという話が、今入りました！　申し訳ありません」

午前2時55分に、2号機の原子炉建屋に入っていた運転員が、ＲＣＩＣの作動を確認したという情報が、免震棟の吉田から東京の本店を経由して、ようやく経済産業省の会見場に届いたのだった。

すかさず、記者から確認の質問が飛んだ。

「それを受けて2号機からやるか1号機からやるか判断し直すということですね」

「そういうことですね。申し訳ございません。申し訳ございません」

一転して2号機ではなく、1号機の危機がクローズアップされてくる。錯綜する情報に小森は、翻弄されるばかりだった。

## 中央制御室　未明の志願

霞が関で小森がベント方針について説明を二転三転させる苦しい会見をしていた頃、中央制御室は、ベント準備の動きがほぼ止まり、重苦しい空気に包まれていた。

室内では、運転員たちが防護服姿に全面マスクを着けて膝を抱えるように床に座っていた。地震発生時、中央制御室には、当番だったA班の運転員14人と操作を補佐する作業管理グループの10人がいたが、非番だった別班の当直長や当直副長が次々と応援に駆け付け、その数はおよそ40人に膨れ上がっていた。部屋のほぼ中央にある当直長の机には、原子炉建屋の図面やマニュアルが広げられていた。当直長と、駆け付けた別班の当直長らリーダー格の5人がホワイトボードにベントの弁の位置や開ける手順を書き込み押し黙っていた。その後方に控えるようにしゃがみ込んでいた運転員たちは、部屋の2号機よりのスペースに肩を寄せ合うように集まっていた。50メートル先の原子炉建屋から放射性物質がひたひたと忍び寄っていた。放射性物質を遮る換気装置が電源喪失で止まってしまい中央制御室でも天井近くや原子炉建屋に近い1号機側のスペースから放射線量が上昇し始めていた。このため運転員は、少しでも被ばくを避けようと2号機側にしゃがみ込んでいたのだ。運転員の中には、30代前半や20代の若い社員も少なくなかった。入社8年目の井戸川隆太（26歳）もその一人だった。井戸川は、非番のD班の主機操作員だったが、地震直後、自発的に応援に駆け付けていた。原子炉水位や格納容器圧力の調査に奔走していたが、この頃になると、ほぼやることはなくなり、指示を待つだけとなっていた。放射線量の上昇に、井戸川は異常な状態だと感じていた。もはや悪化するのみなのだろうか。「もう駄目かもしれない。最悪、死もあるかもしれない」そう思っていた。しかし、そうした思いは決して口にも顔にも出すことなく、なるべくマイナスに考えないように、時折、同僚に世間話風にとりとめのない言葉を掛けたりしていた。

「やばい。逃げたい」30代のA班の運転員はそう思っていた。怖かった。おそらく周りの仲間もそう思っているだろうと感じていた。だが、その思いを口にすると、みんながパニックになるだろうから、決して誰も言わないと思っていた。ひたすら格納容器もってくれと祈っていた。

時折、沈黙を破るように当直長机のホットラインのベルが響いた。その瞬間、座っていた運転員たちの視線が一斉に当直長に集まった。当直長は、いつもと変わらず落ち着いた声で免震棟と何事かをやりとりしていた。「この人だから」30代の運転員は、思った。「パニックを起こさないでいられるのかもしれない。僕らも冷静でいられるのかもしれない」当直長は怒鳴ることも焦るそぶりも見せなかった。いつも通りだった。

午前3時45分。1号機の原子炉建屋の放射線量を測定するため、免震棟から派遣された保安班員が二重扉を開けた瞬間、扉の向こう側に白いもやもやとした蒸気が充満しているのを見て、すぐに扉を閉めた。保安班員は、放射線量測定ができないまま引き返さざるを得なかった。

その様子を聞いて井戸川は、「ああもうすごいことになっているんだな」と思った。おそらく格納容器にある弁のいくつかが、完全ではないにせよ、ある程度開いてしまって、蒸気が漏れてきてしまっているのではないか。井戸川はそう思った。中央制御室には、耐火服や空気ボンベなど、被ばくをできる限り避けるための防護装備が運び込まれていた。さらに、免震棟から緊急時の被ばく限度である100ミリシーベルトの手前の80ミリシーベルトになるとアラームが鳴るようにセットされた線量計が届けられた。再びホットラインのベルが鳴った。運転員たちは、一斉に当直長を見つめた。免震棟とのやりとりが、これまでより少し長いように感じられた。電話を置いた後、当直長は、部下を見つめながら口を開いた。

「ベントに行く人を決めたいと思う。希望者は、手をあげてほしい」

そして自ら手をあげて、こう言った。「まず自分が行く」

どれほど放射線量が高いかも正確にわからない現場に若い社員には、行かせられない。最初からそう決めていた。即座に、近くに立っていた最年長の作業管理グループ長が口を挟んだ。

「駄目だ。お前は最後までここで指揮をとらなければならない。俺が行く」

当直長はうなだれて押し黙った。静まり返った中央制御室の中で、しかし次の瞬間、若い運転員の声が響いた。

「自分が行きます」

一瞬の沈黙の後、今度は、別の若い運転員が声をあげた。

「自分は独り者で、家族もいないので、自分が行きます」

運転員たちが、一人また一人と手をあげ、この危機的状況を救うために自ら現場に行くと志願し始めた。当直長は、呆然と、部下たちの姿を見つめていた。涙が出る思いだった。だが感傷にふけっている暇はなかった。ベントに行く人間を決めなければならない。

当直長は、放射線量や余震の強さによっては途中で引き返すことを考慮して、ベントに行くのは、2人一組3班にすることを決めた。1班ずつ原子炉建屋に入り、中央制御室に戻ってから、次の班が出発することを申し合わせた。若い者は行かせられない。当直長がベントに行く者を告げた。

第1班は、作業管理グループ長とE班副長。第2班は、C班当直長とE班当直長。そして第3班は、3、4号機のB班副長と5、6号機のD班副長。いずれも40代後半から50代の1号機をよく知っているベテラン運転員だった。この布陣が、中央制御室の答えだった。

ベントに行くことになったE班の当直長は、「放射性物質を地元にばらまく行為を若い運転員にやらせて、後々まで悔いを背負わせるわけにはいかない」と考えていた。「高卒の自分をここまで育ててくれた会社に恩を返したい」そう思っていた。

## 早朝の総理来訪

東の空が白み始めていた。

午前5時30分すぎ。総理官邸地下1階の危機管理センターに菅が補佐官の寺田らを引き連れて降りてきた。

午前3時59分に新潟と長野の県境で震度6強の地震があったのに続いて、午前4時31分にも同じ場所で震度6弱の地震が起きた。東京も繰り返し大きな揺れに襲われた。巨大地震に誘発され、全国各地で大きな地震が起きるのではないか。言い知れぬ不安が疲労感漂う危機管理センターに重くのしかかっていた。菅が降りてきたことに気が付いた官房副長官の福山が近づいて、短く言った。

「ベントがまだ終わっていません」

菅の表情に驚きが走った。ベントは午前3時に行っているはずではなかったのか。

もう2時間半も経っている。菅は、福山らを連れて、足早に危機管理センターの中二階にある小部屋に向かった。東京電力の武黒が待機していた。

「なんで終わってないんだ」

菅は険しい表情で問いただした。武黒はこわばった表情で口を開いた。

「ベントには電動と手動があるのですが、電動は停電のためできないのです」

武黒は、手動で行うための作業準備に時間がかかっているうえに、現場は放射線量が上昇して作業に入りにくい状況だと説明した。

しかし、菅や福山にとっては、漠然とした具体性に乏しい説明が続くばかりで、とても納得がいかなかった。そんなことをしているうちに格納容器が爆発するのではないか。不安と焦りが募ってきた。

菅は、すでに午前2時ごろまでには、補佐官や秘書官に、福島第一原発にヘリコプターで視察に行く準備をするよう指示を出していた。総理大臣が東京を離れて現場に行くことに、官房長官の枝野は政治的に叩かれるリスクがあると意見していた。しかし、菅の自ら現場に行く考えに変わりはなかった。津波の被害を上空から確認したかったことに加え、手配した電源車の規格が合わなかったことが象徴するように、現場とのコミュニケーションがうまくいかないことに業を煮やし、とにかく現場の責任者と会って話をしたいと考えていたのである。

ベントについてきちんと聞かなければならない。菅の思いは強まっていった。

一連のやりとりを聞いていた枝野も加わって、菅や福山は、格納容器の状況について、班目の意見を聞き、午前5時44分に福島第一原発から半径10キロ圏内の住民に避難指示を出した。

すでにあたりは、すっかり明るくなっていた。東京の上空は、青空が広がっていた。

午前6時14分、菅は陸上自衛隊のヘリコプター・スーパーピューマに乗り込み、福島第一原発へと飛び立った。

機内で菅は、同乗した班目に原発に関わる具体的で細かな質問を問い続けた。福島第一原発の各号機の出力に始まり、それぞれの号機の冷却装置は何と呼ばれどのような特徴があるのか。一つ答えると、すぐに次が来るといった調子で、質問は尽きなかった。燃料が冷却されず、高温になるとどうなるのかという問いに、班目は水素が出ると説明した。水素という単語に、菅は反応し、爆発しないのかと尋ねた。班目は、格納容器は窒素を充満させているので爆発しないと答えた。菅が班目に質疑をくりかえしている間に、ヘリコプターの窓の下には福島県の太平洋沿岸が見えてきた。

午前7時11分。スーパーピューマが、原発構内のグラウンドに着陸した。グラウンドには、経済産業副大臣の池田元久（70歳）と福島県副知事の内堀雅雄（46歳）、それに、東京電力から副社長の武藤が出迎えに来ていた。３人は11日遅くから12日未明にかけて、福島第一原発から南西5キロにある原発事故時に関係機関が集まるオフサイトセンターに詰めていた。オフサイトセンターは、住民の避難場所や避難方法を話し合う拠点だったが、地震直後から停電し、通信機能もほぼ失われていた。12日午前1時になってようやく電源が復旧したが、混乱が続き、３人は疲弊していた。しかしヘリコプターを降りた菅は、出迎えへの挨拶もほとんどなく、すぐに武藤に近寄り、強い口調で言った。「なんでベントできないんだ?」

武藤は面食らった。儀礼的な挨拶を予期していたため、まったく構えができていなかった。菅は続けざまに「いつになったらできるんだ」「今何やっているんだ」と質問を重ねてきた。武藤は、オフサイトセンターから到着したばかりで、現場の邪魔にならないようにと、免震棟の中にも入っていなかった。現場の詳細はまったくと言っていいほど知らなかった。曖昧な答えに終始する武藤に、菅は明らかに苛立った表情を見せた。一行は、バスで免震棟に移動した。乗り込んだバスの中で菅の隣に座った武藤は、わずかな車中の間も同じ調子の質問を浴びせられ答えあぐねていた。

陸上自衛隊の要人輸送ヘリコプター・スーパーピューマから降り立って、福島第一原発免震棟に向かう菅直人総理大臣（©NHK）

一行は免震棟2階の会議室に通された。菅や池田ら政府関係者の対面に、机を挟む形で武藤らが座った。「なぜベントを早くしないのか」例によって菅が詰問調の厳しい口調で切り出した。

「電源が無くて苦労しているんです」武藤がベントができない理由をなんとか説明しようとしたが、即座に「なぜ無いんだ」と細かく問い詰められ、答えに窮してしまった。ヘリコプターで降り立ったときと、同じ調子のやりとりが再現しそうな予感が走った。

そのときだった。吉田が会議室に入ってきた。手には1号機の原子炉建屋の図面を持っていた。

菅の苛立った様子にひるむこともなく、吉田は図面に記された建屋2階にある電動弁と地下

１階の空気弁の位置を指さしながら説明を始めた。

「電源がないので、この電動弁と、空気弁を手動で開けなければならないんです」

説明は具体的だった。苛立っていた菅の雰囲気が変わった。

吉田は原子炉建屋の放射線量が上昇していて、作業がやりにくくなっていることも説明した。菅はやや落ち着きを取り戻し「そうは言ってても早くやってもらわなければ困る」と言った。

「決死隊をつくってやります」このとき、吉田は、決死隊という言葉を２回口にして、必ずベントを実施すると言った。決死隊という言葉に会議室の何人かがはっとした表情を見せた。やりとりは20分ほどで終わった。

菅は東京電力の中で初めてまともに話ができる人間に出会ったと思った。「非常に合理的でわかりやすい話ができる相手だ」そう思った。頭の中に吉田という名前がくっきりと刻み込まれた。事故以来曖昧で責任を回避するような受け答えばかりを聞いてきたため内面に溜まっていた苛立ちや不安がわずかながら消えていくような感覚を覚えていた。

「総理相手に自由に発言できる雰囲気ではなかった」吉田はそう思っていた。十分に説明しきれなかったとも感じていた。しかし、振り返る余裕はなかった。すぐに難航しているベント準備に向き合わなければならなかった。

会議室から出た菅は、足早に1階に降りて行った。硬い表情で、口を結んで無言のまま前を見据え、円卓のある2階の緊急時対策室に激励に寄ることはなかった。

菅が免震棟から去った後の午前8時3分。吉田は、中央制御室に、午前9時を目標にベント実施の作業を始めるよう指示を出した。午前8時4分、菅は、福島第一原発を後にした。ベント開始が迫った午前8時27分、免震棟に、避難指示を受けていた地元の大熊町の住民の避難が完了していないという情報が入った。避難完了までどれぐらい待たなければならないのか。免震棟に微妙な空気が流れた。しかし、およそ30分後の午前9時3分、免震棟は避難が終わったことを確認した。結果的に、吉田は、目標としていた午前9時すぎに、ベント作業の開始にゴーサインを出した。

## 決死隊の出発　1号機爆発まで6時間32分

午前9時4分、中央制御室から2人の男が飛び出した。

先陣を託された作業管理グループ長とE班当直副長だった。

いずれも、全面マスクで顔を覆い、耐火服に身を包み空気ボンベを背負っていた。

13キロあまりの重装備にもかかわらず、2人は足早に原子炉建屋に向かった。運転員がみんなで2人を見送った。

　中央制御室にいた誰もが、二重扉の向こう側が高線量になっていることはわかっていた。

　見送る運転員の一人は、戻ってきたときに、どう声をかけるかを考えていたが、その言葉はなかなか浮かばなかった。

　2人は、出発前に打ち合わせしたとおり、北側に比べ放射線量がやや低い南側の二重扉から原子炉建屋に入った。すぐに階段を駆け上がり、2階フロア南東側、階段すぐ横にある格納容器のMO弁（電動弁）と呼ばれるベント弁をめざした。MO弁は高さ3メートルの位置にあった。2人は、何度も確認したとおりに、鉄板製の小さな階段をあがって、ハンドルを回した。手順どおり25パーセント開くと、急いで中央制御室に戻った。

　午前9時15分。作業時間は11分だった。2人の被ばく線量は、25ミリシーベルト。成功といえた。安堵と笑みが中央制御室に広がった。

　午前9時24分。第2班が出発した。

　52歳のC班当直長と51歳のE班当直長だった。2人の任務は、第1班より困難とみられていた。めざすベント弁は、地下1階にあり、燃料に近いため放射線量がより高いとみられていたためだった。作業時間のリミットは15分。10時間前に原子炉建屋二重扉の前で計測した放射線量から予測された建屋の中の線量をもとに設定された時間だった。予測線量は1時間あたり300ミリシーベルト。法定の被ばく限度の100ミリシーベルトを超えないように15分が限界とされていた。ただ、午前3時45分に免震棟の保安班がより正確な線量を計測しようとしたが、扉を開けた途端に白い蒸気に阻まれ、計測できていなかった。実際に、建屋の中の線量がどのくらい上昇しているか誰にもわからなかった。

出発したE班当直長は、線量よりむしろ背中に背負った空気ボンベが気にかかっていた。ボンベの酸素がもつのは20分程度。過去の訓練で緊張すると呼吸が激しくなり、酸素の消費が増えることを体験していた。なるべく酸素の消費を抑えたかったが、線量が気になるので、自然と小走りになった。

二重扉の前に立ったとき、緊張を抑えるように「よし」と気合を入れた。

二重扉の奥の扉を開けた途端、暗闇の中に白い蒸気が充満しているのが目に飛び込んできた。

「なぜこんな状態なんだ」

建屋の中は、コンクリートに囲まれた乾いた空間のはずだった。一変してしまった光景に面食らったが、もはや躊躇はなかった。２人は白い蒸気の中に飛び込んで行った。

時間がもったいない。足早に地下1階のトーラス室に向かった。トーラス室は、格納容器の圧力を調整する圧力抑制室という巨大なドーナツ状の設備を収める施設である。その上部をキャットウォークと呼ばれる、その名の通り猫が通れるほどの幅1メートルに満たない作業用の通路がぐるりと円形に取り囲んでいた。キャットウォークは、1周およそ100メートル。その猫の通り道を半周ほど歩き続けた先に、目指す

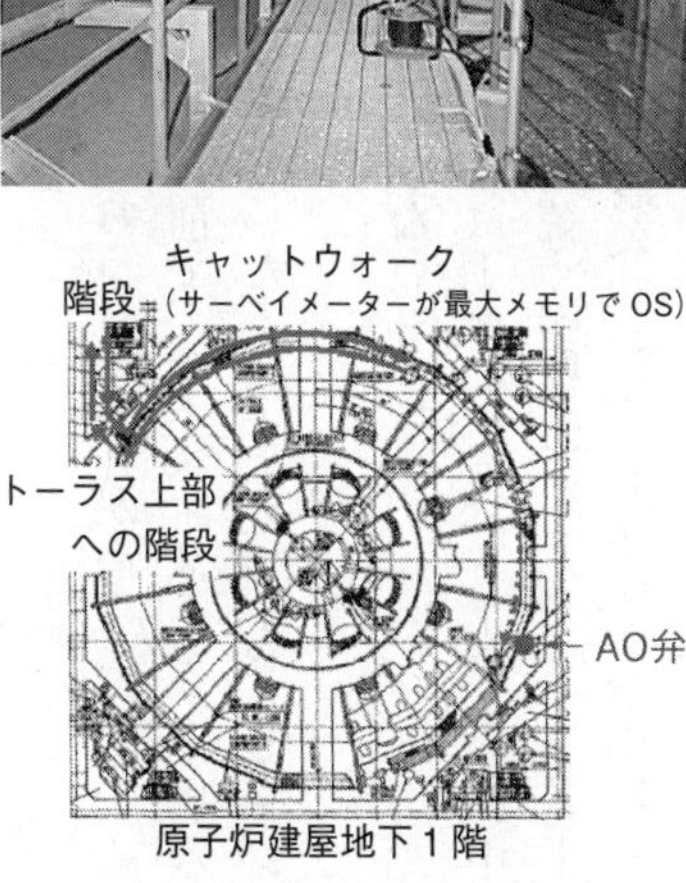


キャットウォークと呼ばれる細い作業用通路（写真は5号機）。1号機のベント弁（AO弁）は、キャットウォークを50メートルほど進んだところにある（下図）。3月12日当時は、照明がなく、真っ暗な中、懐中電灯の明かりを頼りに作業が行われた。決死隊は、半分程度進んだところで、線量が上昇したため、途中で引き返した

AO弁（空気作動弁）と呼ばれるベント弁があった。

トーラス室の入り口扉の前で、サーベイメーターを見ると、1時間あたり600ミリシーベルトの値を示していた。法定限度の100ミリシーベルトに、10分で達してしまう値だった。

「ここまで来たらいくしかない」

E班当直長は、ドアノブに手をかけて、トーラス室の中に入った。懐中電灯の灯りの先にキャットウォークへ続く階段が浮かんだ。ふとサーベイメーターを見ると、900ミリシーベルトから最大目盛りの1000ミリシーベルトの間に針が振れていた。

「振り切れるまではなんとかなる」

2人は、左回りにキャットウォークを足早に進んだ。

4分の1周ほど進んだときだった。ついにサーベイメーターの針が振り切れた。

「あと半分も残っているのに」諦めきれなかった。

しかし、放射線量がいくらあるかもわからない状態で、これ以上進むのは危険だった。

撤退せざるを得なかった。全面マスクをして、会話ができないため、2人は、腕を取り合いジェスチャーで、戻ることを互いに確認しあった。

　キャットウォークの帰り道は、走って戻った。午前9時32分、2人は中央制御室に戻った。作業時間は8分だった。

　被ばく線量は、C班当直長が95ミリシーベルト。E班当直長は89ミリシーベルトだった。トーラス室の線量は、事前の予想よりはるかに上昇していた。法定限度の100ミリシーベルトの壁が、ベント作業を阻むために、高く立ちはだかっているかのようだった。

　駄目だったと報告を受けた当直長は、現場で作業が行えるような放射線量ではないと判断。作業を断念すると免震棟に伝えた。第3班の作業は取りやめになった。第2班のC班とE班の当直長2人は、100ミリシーベルト近くの被ばくを受けたことから、免震棟に退避することになった。

　決死隊は失敗に終わった。冷酷な結果だった。当直長は何も言わなかったが、落胆を隠せない様子だった。その姿を見つめながら井戸川もかなりのショックを受けていた。やりたいことはたくさんあるのにやれずに時間だけが経っていく。戦場の最前線で弾薬が尽きた状態で待機させられている。そんな思いが頭の中を巡った。

　ベント作業の断念。中央制御室は、重苦しい空気に覆われた。もうやれることはほ

セルフエアセットを着けた福島第一原発の作業員。セルフエアセットを装着するには約10～15分かかり、作業時間も20分程度に限られていた

東電社員の証言：格納容器のベント弁に治具をかませて開けたままにする作業を復旧班が行おうと思ったが、逃がし安全弁から圧力抑制室へ蒸気が行く音がすごくて、熱もあり、トーラスに入れなかったということで、操作できずに中央制御室に戻ってきた

東電社員の証言：弁を開確認してくれっていわれて、圧力抑制室に行ったら靴が溶けた。目視では確認できなかった。弁が一番上にあるやつだったので。熱さ確認のため、トーラスに足をかけたらずるっと溶けた。やめたほうがいいと判断した　東京電力報告書より

とんど残されていない。ベントが成功して、圧力を下げることができなければ、次のステップに進めないのだ。多くの運転員たちは床に座り込み、時間が過ぎていくのを待つしかなかった。しかも待っている間、確実に被ばく線量は上昇している。時折、定期的に計測される圧力や水位のコールだけが室内にむなしく響いた。重苦しい雰囲気のなかで、若手の運転員が声をあげた。

「当直長」上司を見つめながら運転員は続けた「操作もできず、手も足も出ないのに我々がここにいる意味があるのでしょうか」

当直長は黙ったままだった。

「なぜここにいるのでしょうか」

別の若手の運転員は、自分も同じ考えだと思っていた。おそらく多くの運転員も口には

出さないがそう考えているだろうと思っていた。

　何人かの声があがった。一旦、免震棟に退避して、状況が改善したら中央制御室に戻って作業を再開すれば良いのではないかという冷静な意見も出た。

　しばらく無言で意見を聞いていた当直長が口を開いた。落ち着いた声だった。

「ここに残ってほしい」

　避難している福島の人たちは、我々の収束に向けた作業を待っているはずだ。だからここに残ってほしい。熟慮の末に生まれてきたと思われる言葉が当直長の口から発せられた。

　自らの考えを語った後、当直長は部下の運転員たちに向かって頭を下げた。

　近くに立っていたリーダー格の当直長らが、一人また一人と無言で頭を下げた。今度は、部下の若い運転員が無言になる番だった。

　静寂を破って当直長が再び口を開いた。

「若い研修生2人は、免震棟に避難してくれ。みんなそれでいいな」

　運転員たちはうなずいた。誰もがその場にとどまり続け、その後、二度と現場から退避を求める声は出なかった。中央制御室では、原子炉水位や圧力の確認といった地道な作業が開始された。しかし、格納容器の圧力上昇にどう対処するのか。ベント作業が壁にぶつかった今、先行きは見えなかった。

事故後、当直長は、決死隊の失敗の後、若手の運転員が一旦、中央制御室からの退避を進言したことについて、自分ももっともだと思っていたと周囲に明かしている。しかし、もしあそこで免震棟に退避していたら、恐怖心のようなものが芽生えて、再び中央制御室に戻れない恐れがあると思ったと打ち明けたという。このため自ら頭を下げて、収束作業のため残ってほしいと説得したと当時の思いを明かしたという。

事故当時、この場にいた井戸川は、当直長は、日ごろから部下の運転員の話に耳を傾け、若手とコミュニケーションをとる上司だったと話している。その当直長が残ってほしいと頭を下げたから、部下の誰からも異論が出なかったと語っている。

ベント作業の高い壁となった緊急時の被ばく限度は、事故から5年たった2016年、250ミリに引き上げられた。法令では、事前に健康リスクや防護対策について十分な教育を受け、書面で同意を示した作業員のみが対象となると定められた。しかし、その同意は、強要になっていないか。同意しないという選択肢は十分守られているのか。課題は尽きていない。

## 混乱の病院避難　失われた命

福島第一原発から3キロ余りのところにある福島県双葉町の双葉厚生病院。2011年3月11日の午後、入院中の妊婦の帝王切開手術が行われていた。副院長の加藤謙一（かとうけんいち）医師（61歳）は、患者の腰に麻酔針を刺そうとしたとき、強く長い揺れを感じた。いったんは手術を中止したものの、患者の陣痛は続き、これ以上はもたないと判断した。加藤医師は、余震の間隔が30分程度になったところで手術を再開。午後6時すぎ、女性は無事に出産した。

その頃、双葉厚生病院には津波にのまれた人たちが次々に運び込まれてきた。春先の冷たい海水につかった体は冷えきり低体温状態になっていた。なんとか暖を取らせ、点滴を施す。重症の患者はドクターヘリで福島市の県立医科大学に搬送した。病院内はテレビを見る余裕もない状況で外がどうなっているのか、誰もわからなかった。

翌12日の早朝、スタッフが集まって対策会議を開いていたときだった。突然、白い防護服に身を包んだ警察官が病院に駆け込んできた。「直ちに患者を避難させるように」詳しい理由も告げずにそう指示され、院内には困惑が広がった。テレビをつけると福島第一原発が事故を起こし避難指示が出されていた。入院患者は136人。中には寝たきりの人もいる。適切な処置をしながら搬送をしないと容態の悪化は避けられない。院長の重富秀一医師（60歳）は、ドクターヘリや救急車の出動を要請した。しかし、来ない。医師の中にはすぐの避難に慎重な意見も出た。悩んだ重富院長はまず自力歩行が可能な患者から避難させることを決断。午前8時半ごろに第一陣のバスが出る。ところが、その直後、外に出るなと指示される。このころ福島第一原発では格納容器を守るため、放射性物質を含んだ内部の気体を外に放出する〝ベント〟を試みていた。重富院長らにその情報は入っていない。ただ職員が外に出ようとすると警察官に制止された。正午すぎ、バスによる避難を再開。師長の渡部幾世さん（54歳）は焦っていた。先に避難したバスの行方がわからなくなったのだ。全員が同じ場所に避難できるものと思っていたが行き先はばらばらになった。すぐにでも探したい。そして今バスに乗っている患者を安全な場所に送り届けたい。しかし、直面したのは大渋滞だった。双葉町から浪江町を抜けて川俣町へと向かう国道１１４号線は数十キロにわたって車が連なっていた。普段ならば40分程度で到着できる川俣町の病院にたどり着いたのは5時間後だった。

渋滞の原因の一つは、避難指示が出されていた10キロ圏の外側に住む人たちも一斉に避難を始めていたからだった。患者たちは長時間、満足な治療器具もない普通のバスでの搬送を余儀なくされた。のちに双葉厚生病院では4人の死亡が確認された。師長の渡部さんは、いまもやりきれない思いを抱えている。

「申し訳ない、というのがありますよね。無理な移動とかがなければ、病室で治療で

| 病院名 | 重篤患者の避難手段の手配方法 | 重篤患者の退避日 | 重篤患者の避難手段 | 重篤患者の一次避難先 | 3月末までの死亡者数 |
|---|---|---|---|---|---|
| 県立大野 | 12日午前にオフサイトセンターにバス、消防に救急車を依頼 | 12日午前 | 救急車 | 川内村の保健福祉医療総合施設 | 0人 |
| 双葉厚生 | 12日に県立医大病院の医師から連絡があり、同医師が自衛隊ヘリを手配 | 12日夜～13日午前 | 自衛隊ヘリ | 二本松市・県男女共生センター<br>仙台市・霞目駐屯地 | 4人 |
| 市立小高 | 12日に消防に支援を求め、救急車を手配。職員が患者避難のためにマイクロバスを用意した | 13日 | 救急車<br>マイクロバス | 南相馬市立総合病院 | 0人 |
| 今村 | 12日に県に救助を要請。また入院していた警察官を通し警察に救助を依頼 | 13日夜～14日未明 | 自衛隊ヘリ | 郡山市の高校 | 3人 |
| 西 | 12日に町や警察がバスを用意したが患者の症状に合わないため断念。14日まで自衛隊ヘリを待ち、一部の患者は警察車両で避難 | 14日夜 | 自衛隊ヘリ<br>警察車両 | 福島県立医大病院など | 3人 |
| 小高赤坂 | 12日、13日に区役所に支援を求めたが何の支援もなく、14日に来院した警察が夕方にバスを手配 | 14日夜 | バス | いわき市の高校 | 0人 |
| 双葉 | 町から重篤患者に対する支援はなく、12日より消防・警察や自衛隊に救助を求めたが、重篤患者を運ぶバス・自衛隊車両は14日・15日に到着 | 14日～15日 | バス<br>自衛隊車両 | いわき市の高校<br>二本松市・県男女共生センターなど | 40人 |

(国会事故調査報告書より)

きていれば、こんな早く亡くなることはなかったなと思います」

福島第一原発から20キロ圏内の病院や系列の介護施設では3月末までに60人が死亡した。原発事故の際に、国や県が病院の避難を支援する仕組みはなく、県の防災計画では「避難先や搬送方法、連絡手段などは、病院が自ら確保すること」とされていた。もしも放射線量が把握できて、院内にとどまれる備えがあったなら、ただちに避難を開始せず負担の少ない輸送手段や受け入れ先の確保を待って移送する選択肢もあったかもしれない。国や自治体が本気で備えないことのツケは、最も弱い人たちに回ってくることを忘れてはならない。

# 第4章

# ノーマークの水素爆発

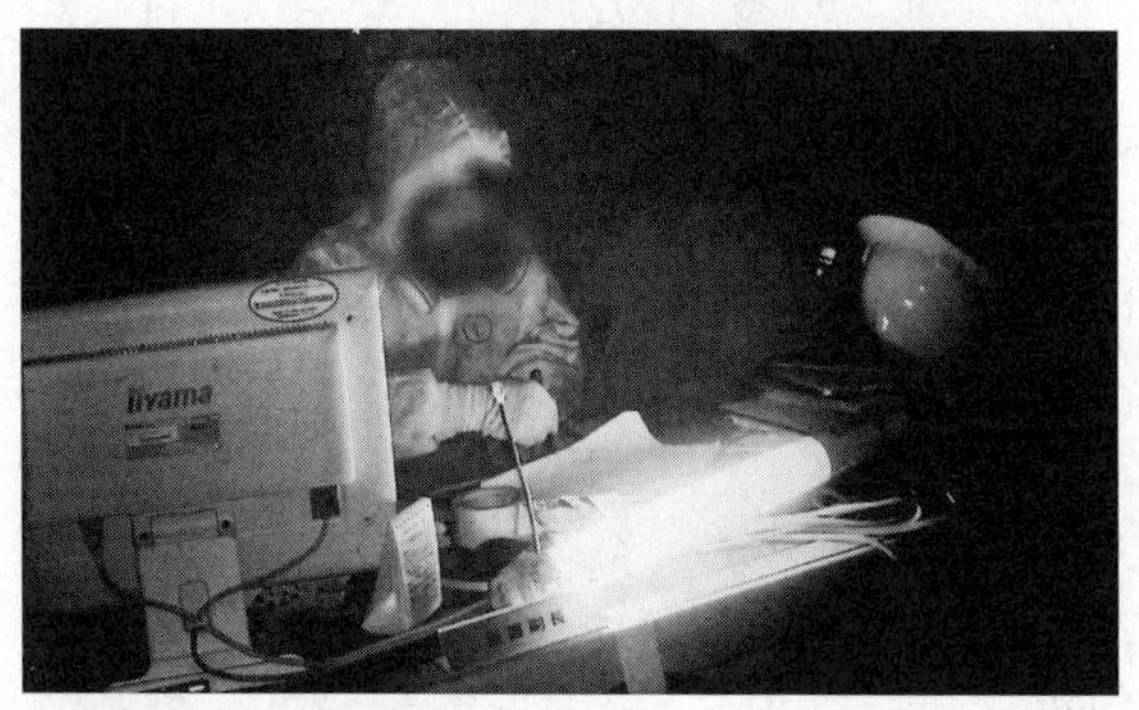


1号機爆発後の中央制御室に残った運転員。
死を覚悟し仲間たちで写真を撮った

**東電社員の証言**

みんな、やばいことはわかっている。やばい、逃げたいとわかっているが、でもいいとも言えないし、聞かないし。僕は怖かった。やばいとわかっていた。物理的、機器的にどこまで持つか。未知の世界だった。これは格納容器がパンといくと思っていた。やばいし、死ぬなと思っていた。でも口に出して言わない。あの状況はなんなのか……。1人がパニックになると、みんなパニックを起こすんですかね。まさか、水素で建屋が飛ぶとは全然思っていなかった

取材に応じた運転員の証言

## 徹夜の電源復旧作業

　事故2日目に入った12日未明。福島第一原発では、決死のベント作業に取り組んでいくのと並行して、もう一つ重要な作業と格闘していた。電源復旧作業である。日付が変わった頃、電源復旧をめざしていた復旧班は、大幅な戦術変更に舵を切っていた。到着する当てのない480ボルト用の電源車を諦め、6900ボルト用の高圧電源車から電源をとることにしたのだ。高圧用のケーブルを敷設し、480ボルトに変換する動力変圧器に繋げて、パワーセンターに接続することにしたのだ。高圧電源車から動力変圧器の間にかなりの距離があるため、高圧ケーブルを200メートルにわたって敷設する作業を行う必要が出てきた。

　最前線でこの作業を担ったのは、日立グループの熟練作業員たちだった。折しも4号機の定期検査で、日立グループは大量の社員を現地に送り込んでいた。普段からメンテナンス作業にあたる彼らは、現場をよく知っていた。日立グループの福島第一原発の事務所長の河合秀郎（56歳）がその指揮をしていた。

　河合は、事務所にあった直径15センチある6900ボルト用ケーブルを200メートル分切り出して運ぶことにした。ケーブルの重さは1メートルで6キロ。200メートル分だと、1・2トンに上った。

河合ら日立グループの社員と東京電力の社員が福島第一原発構内近くの日立グループの事務所から、200メートル分のケーブルを車両に載せて、原発構内に入るゲートを通過しようとしたときだった。いつもは通れるゲートが、電源がない状態でまったく開かない。

「どうしますか？」日立グループの社員が言った。

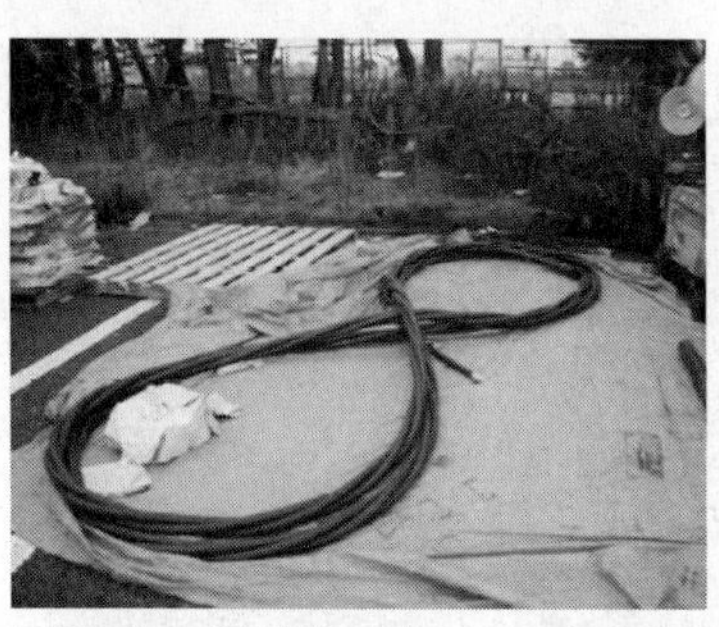

写真のケーブルは約15メートルで重さは約90キロ。1、2号機の電源復旧はこの10倍以上の長さを使用した

「いいからゲートを壊してください」同行していた東京電力の社員が叫ぶように言った。

河合は、驚いた。普段から東京電力の社員は『ルールは絶対守る』人間たちだった。今は緊急事態だと改めて思った。車は、ゲートを突き抜けて、原発構内へと進んだ。

高圧ケーブルを載せた車両と、6900ボルト用の高圧電源車が、2号機のタービン建屋の南側に横付けされた。計画では、2号機のタービン建屋の南側にある搬入口から高圧ケーブルを入れ

**福島第二原発におけるケーブル敷設のための緊急安全訓練**
東電社員の証言：通常であればケーブル敷設作業は1～2ヵ月かかる。数時間でやったのは破格のスピードだと思う。暗闇の中、敷設のための貫通部を見つけたり、端末処理を行ったりする必要もある。高圧ケーブルの端末処理は特殊技能で、ていねいにやる必要がある。それだけで通常は4～5時間程度かかる。また、通常なら機械を使ってケーブルを敷設するが、今回は人力でやっている。ケーブルは15センチくらいのケーブルが3本集まっているもので、重量がある　東京電力報告書より

て、タービン建屋1階の床に200メートルほど敷設して、建屋の北側にあるパワーセンターに接続しようとしていた。

しかし、搬入口のシャッターは閉まったままだ。電気がなければシャッターも開かない。今度は、協力会社の重機でシャッターを壊した。壊れたシャッターの隙間から切り出した高圧ケーブルを建屋に入れるルートを確保する。最新鋭の機器とシステムが配備されている原発のイメージからかけ離れた泥臭い作業が行われていた。

作業で、最も注意しなくてはならないのは、津波で建屋に浸入し

た水だった。

ケーブルの先端が水に触れれば、感電して命を落とすかもしれない。電気で動くウインチなども、全電源喪失のためまったく使えない。ケーブルの敷設作業は、すべて手作業で行わなければならなかった。

重さ1・2トンのケーブルを東京電力や日立グループ、それに協力会社のおよそ20人の作業員が運び込んだ。3メートルから4メートルおきに作業員が配置され、200メートルに及ぶケーブルを抱えながら移動した。重さは、一人あたり40キロから50キロにも上る。20人の作業員は、数時間にわたって、ケーブルを抱え続けた。

免震棟の復旧班長の稲垣も夜通し指揮をとり続けていた。通常なら発電所内で使う連絡手段のPHSも使えない。急遽、連絡手段で使うことになった旧式のトランシーバーを通じて、稲垣に連絡が届く。

現場の緊張した声が耳に響いた。

「再び津波の恐れあり。電源車の配置の検討を願います」

一刻を争う電源復旧作業だったが、何よりも部下の安全を守らなければならなかった。稲垣は難しい判断を迫られた。

作業員を海の近くに行かせていいのかという質問を現場から何度も投げかけられて

11日午後10時ごろ、応援の電源車の第1陣として到着した東北電力高圧電源車。2、3号機間の道路に散乱していた津波による瓦礫を手作業で撤去し、通路を確保した後、現場へ誘導。送電するためには仮設ケーブルの敷設及び端末処理が必要なため、準備が整うまで2、3号機間の道路で待機した（写真は後日撮影したもの）

いた。正直、答えはなかったが、見張りをつけていざとなったら大声で「逃げろ」と叫ぶ方法しか見いだせなかった。

当初、最短のケーブルルートにするため、6900ボルト用の高圧電源車を津波で浸水したエリアに配置していた。しかし、余震が続き、大津波警報が発令中だった。監視のため、タービン建屋の屋上に社員を送り込み、懐中電灯で海を照らしながら、下で作業をするケーブル部隊に大声で状況を伝えていた。しかし、安全確保には限界があった。稲垣は、電源車を高台に移すよう指示を出した。

電源車を移動させれば、それだけケーブルルートは長くなり、復旧作業が遅れる。作業時間もロスしていく。しかし、現場の命には代えられなかった。いったん電源車からケーブルを外し、2号機と3号機の間に電源車を走らせ、高台に移す。そして、電源盤へのケーブルルートを変更する。

午前４時すぎからは、ついに構内の放射線量が上昇してきた。現場では誰も全面マスクをつけていなかったため、いったん免震棟への退避を余儀なくされる。防護服と全面マスクを身につけ、再び現場に出る。ここでも時間をロスした。作業を再開したのは午前７時だった。あたりはすっかり明るくなっていた。

## 消防注水の開始

電源復旧とベント作業。事故対応の行方を左右する重要なミッションの裏で、吉田はもう一つ大切な作業の指揮をとっていた。消防注水だった。12日午前２時すぎ、免震棟は、原子炉を冷やすために消防車による注水作業に乗り出した。消防車のホースをタービン建屋の送水口に接続すれば、消防車から注ぎ込まれた水は、一本道となった水のラインを通って、原子炉へと送り込まれるはずだった。

しかし、ここでも作業は難航した。そもそも免震棟には、配備されていた消防車の運転操作ができるものが誰もいなかった。消防隊は、消防車を運用していた協力会社の南明興産（現・ネクセライズ）に頼み込み、消防車を操作してほしいと求めたのである。南明興産にとっては、高い放射線量の中で社員に消防車を操作させるのは危険であり、委託業務からはずれる作業だったが、非常事態だけに、求めに応じた。午前2時45分。復旧班が1号機の中央制御室に車のバッテリー2台を直列で結んだ急ごしらえの24ボルトバッテリーを持ち込み、原子炉圧力計を復活させた。

圧力計を見ると、およそ8気圧だった。原子炉圧力は11日午後8時台は69気圧だった。原子炉圧力を下げる措置は何もしていなかった。いつの間にか、69気圧が8気圧へと大幅に下がっていたのである。吉田は首をひねった。

なぜ、圧力が急激にここまで下がっているのか。吉田は、炉主任と呼ばれる原子炉物理学などの専門資格を持つ原子炉主任技術者や原子炉の解析を担当する技術班の幹部と議論した。しかし、専門家であるはずの彼らも燃料が破損している可能性を指摘するものの原子炉圧力がここまで急に下がった理由を説明できなかった。不可解であったが、圧力が8気圧にまで下がっていれば、10気圧程度ある消防車のポンプで原子炉注水はなんとかできる。吉田は議論していても仕方がないと考え、とにかく作業を進めることにした。

後の「サンプソン」のシミュレーションによると、この頃までに、原子炉の中でメルトダウンした燃料が熱を帯び、原子炉の配管の繋ぎ目が溶け出して破損し、放射性物質を帯びた蒸気が格納容器に噴出し原子炉圧力が急激に下がったとみられている。

「サンプソン」にもとづいてメルトスルーを再現したCG（©NHK）

一方で蒸気が噴出した先の格納容器の圧力は急上昇し、原子炉圧力と格納容器圧力がほぼ同じになるという現象が起きていたと推定されている。事態は、吉田ら免震棟の誰も理解も制御もできていない状態に陥っていたのである。

免震棟の防災班の社員と南明興産の社員が1号機に向かったが、消防ホースを接続するタービン建屋の送水口がどこにあるか正確に知らなかったため、暗闇の中で送水口を探すのに手間取った。結局、消防車による注水作業が始まったのは、午前4時すぎだった。

当初、消防車のタンクにあった1・3トンほどの水を注水していたが、すぐに水はなくなった。消防隊は、1号機のタービン建屋の海側にある防火水槽近くに消防車を横付けして、防火水槽に溜めていた淡水を汲み上げることにした。別の消防ホースをタービン建屋の送水口までのばして接続が完了した。午前5時46分、ようやく注水ができるようになった。吉田が思い描いた消防車による注水作業は、こうして12日早朝から断続的に行われるようになっていた。

## 瀬戸際のベント

事故2日目の福島第一原発の上空には、朝から青空が広がり、春の陽光が差していた。しかし、外の様子を知る由もない免震棟の中では、決死隊の失敗で沈鬱な空気に包まれていた。ベントを成し遂げるため吉田は新たな舵を切る必要に迫られていた。

「ベビコンじゃあ駄目だ。もっと大きいのはないのか。探してこい!」

吉田らしい荒っぽい口調の指示を受けて、復旧班は、コンプレッサーを探す作業に奔走していた。

免震棟は、運転員の手によって開けられなかったベントの空気弁を、今度は遠隔操作で開けようと動いていた。原子炉建屋地下にあるAO弁と呼ばれる空気作動弁に通じる配管になんとかコンプレッサーを接続して圧縮空気を入れ込んで、弁を開くという戦略だった。しかし、免震棟のどこを探しても、ベビーコンプレッサー・通称ベビコンと呼ばれる空気圧の弱い小さなコンプレッサーしか見つからなかった。これでは、とてもベント弁を開けられる圧力がない。復旧班は手分けをして、空気圧の強い大型コンプレッサーがないか、原発構内にあるメーカーや協力会社に手当たり次第に聞いて回っていた。

同時に復旧班は、1、2号機の中央制御室に車のバッテリーで作った小型発電機を持ち込んで、電動でベント弁が開かないか試みた。

午前10時17分。めざすベント弁の操作盤に、持ち込んだ発電機で電流を流す作業を行った。電流を流す作業は、7分間に3回続けて行われた。しかし、弁が開いた兆候は確認できなかった。まもなく、周辺の放射線量にほぼ変化がないことから、ベントは実施されていないことが確認された。残された道は、やはりコンプレッサーを使った遠隔操作しかなかった。

この頃、吉田の頭の中は、2つの思いでいっぱいだった。一つが「格納容器の圧力をなんとかして下げたい」そして、もう一つが「原子炉に水を入れ続けないといけない」だった。「暴れまくる原子炉をなだめるには、水を入れてどぶ漬けにして冷やすしかない」そう思っていた。そのためには、早朝から始まった消防注水を続けなければいけない。しかし、水源となっている防火水槽に溜まっていた淡水はまもなく尽き

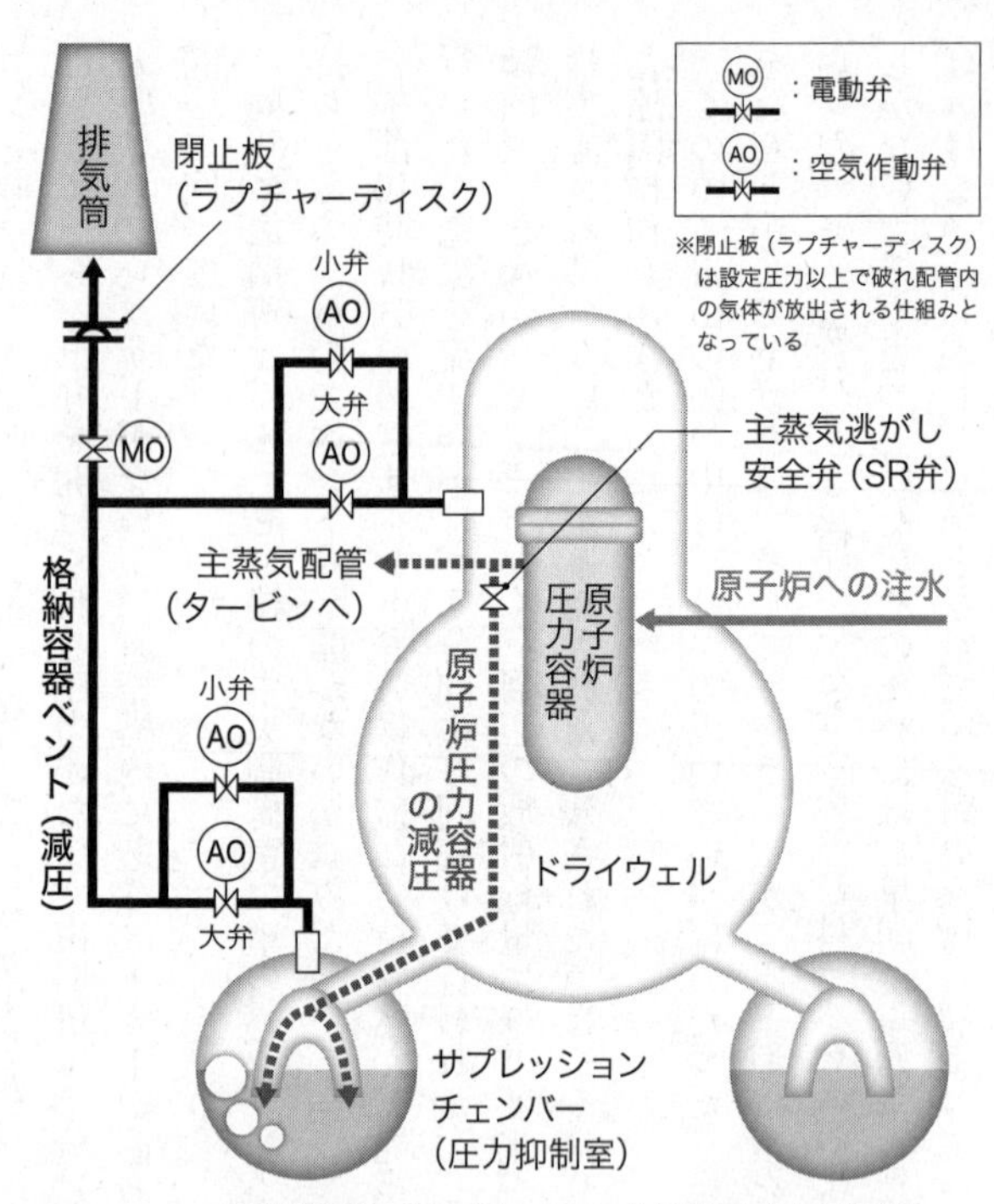


格納容器ベントの仕組み（再掲）（東京電力報告書をもとに作成）
格納容器ベント：格納容器の圧力の異常上昇を防止し、格納容器を保護するため、放射性物質を含む格納容器内の気体（ほとんどが窒素）を一部外部に放出し、圧力を降下させる措置。格納容器はドライウェルとサプレッションチェンバー（圧力抑制室、ウェットウェルともいう）に分かれる。ドライウェルからのベントラインと圧力抑制室からのベントラインの2種類があり、ライン上にAO弁（空気作動弁）の大弁、小弁がある。2つのラインの合流後にMO弁（電動弁）と閉止板（ラプチャーディスク）があり、排気筒に繋がる。閉止板は、放射性物質の想定外の流出を防ぐために、あらかじめ設定した圧力以上で破裂するよう設定された安全装置のこと。サプレッションチェンバーを通して行うウェットウェルベントは、貯蔵された水を通すことで放射性物質を除去する効果が期待できる

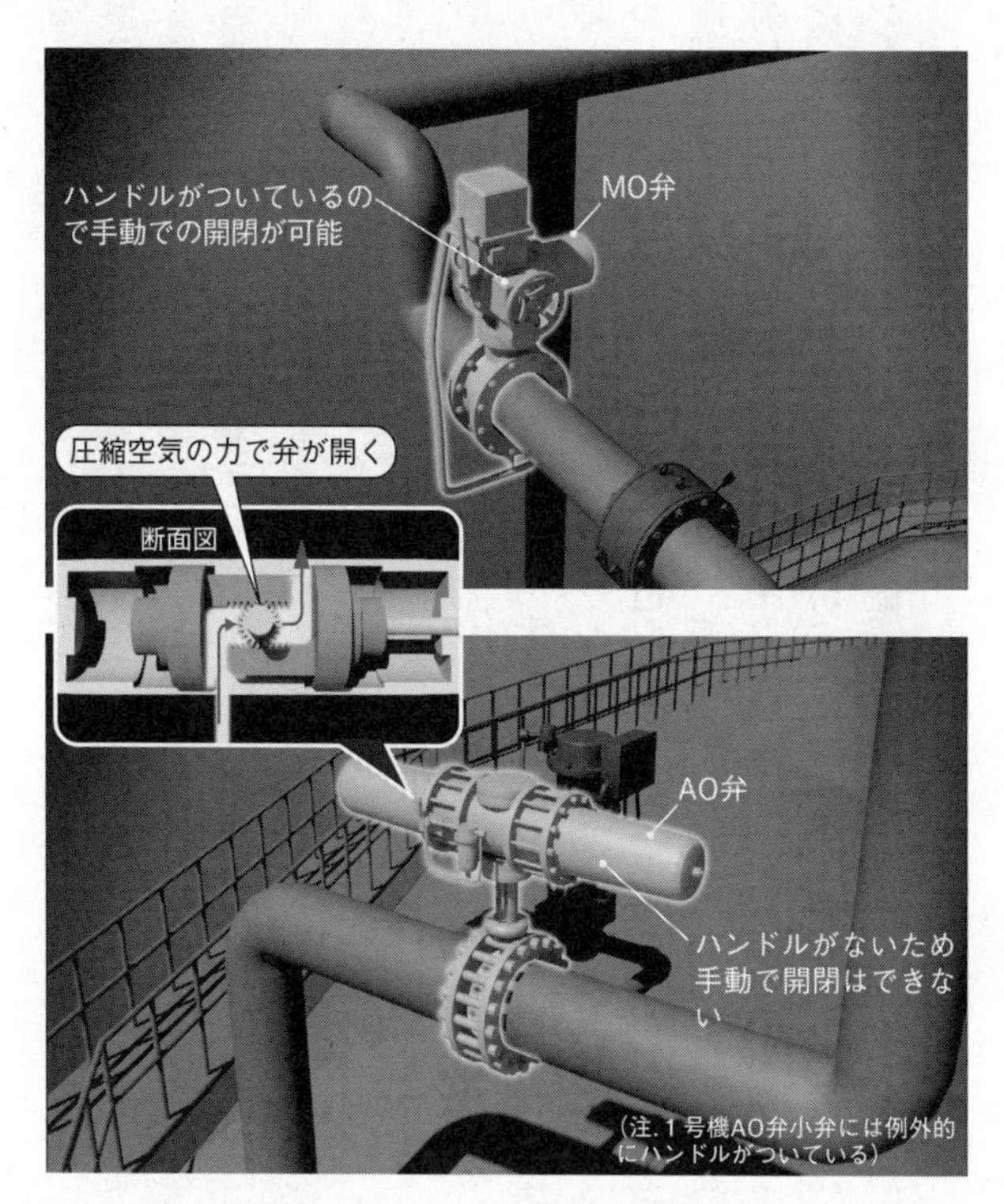


ベントを実行するには、MO弁とAO弁の2種類の弁を開ける必要がある。MO弁は通常は電動だがハンドルがついているので、非常時には人の手で開けることができる（CG上）。これに対して、通常のAO弁にはハンドルがなく、コンプレッサーで圧縮空気を送り込み遠隔操作で開けるしかない（CG下）。ただし1号機AO弁小弁は、1～3号機に備え付けられているサプレッションチェンバー側のAO弁のうち唯一ハンドルがついていて、手動で開けることができた（©NHK）

ることがわかっていた。吉田は、無限にある海水に目をつけていた。現場から、3号機のタービン建屋近くにある逆洗弁ピットと呼ばれる海岸沿いに南北に長くのびている窪地に津波の海水が溜まっているという報告が寄せられた。吉田は、消防車を何台か連ねて消防ホースの注水ラインを作って、逆洗弁ピットに溜まった海水を1号機の原子炉に入れるよう指示した。現場の状況を見て臨機応変に工夫するのは、補修畑育ちの吉田の得意とするところだった。

午後0時半、復旧班は、構内の協力会社の事務所で、めざすコンプレッサーをようやく見つけた。配管に接続する部品もなんとか協力会社からかき集めた。

復旧班は、1号機の原子炉建屋の大物搬入口と呼ばれる出入り口に、クレーンを装備したトラックで運んできたコンプレッサーを設置した。午後2時すぎ、設置が終わったコンプレッサーを起動させ、復旧班が、空気を送り込む。午後2時30分頃、中央制御室から格納容器の圧力減少の一報が免震棟の吉田のもとに入った。午後2時30分前に7・5気圧だった格納容器の圧力は、およそ20分後に5・8気圧まで低下していた。ベントが成功したのではないか。吉田にとって待ちかねた瞬間だったが、本来ベントの作動は、電動で動く計器で確認するため、本当に成功したのか確証が持てないでいた。

この頃、消防注水の現場からは、逆洗弁ピットから3台の消防車を直列に並べて1号機の原子炉へとホースを繋げる注水ラインの準備ができたという連絡が入った。防火水槽に溜めていた淡水はこれまでに80トンを注水していたが残り少なくなっていた。

午後2時54分。吉田は、海水注入に切り替えるよう指示した。

東京本店も原子炉へ注水する水を淡水から海水に切り替える方針を確認した。

一方、ベントが実施できたかどうか、吉田は依然として確証が持てなかった。ところが、免震棟にあるディスプレイ画面のNHKテレビに排気筒から蒸気とおぼしき白い気体が出ているのが映し出されていた。「これは」と吉田は思った。

この段階で初めて吉田は、状況証拠からベントが成功したと考えられると判断した。

午後3時18分。吉田は「午後2時30分頃にベントによって放射性物質の放出がなされた」と関係機関に連絡した。当初のベントの約束時間午前3時から、実に12時間が経過していた。

ベントの実施は、国内はおろか世界初であった。しかしベント成功がわかっても免震棟の誰もが複雑な感情を抱いていた。発電班の副班長は、「ああ出してしまった」

と思っていた。自分が育ち、今も住んでいる街に放射性物質を出してしまったという苦渋の思いが胸に広がっていた。

ちょうどこの頃、新たな情報が飛び込んできた。復旧班が徹夜で進めてきた電源復旧作業が功を奏し、間もなく1号機の電源が復旧するという連絡だった。

復旧班と協力会社の日立グループが、２号機タービン建屋の大物搬入口近くに６９００ボルト用の高圧電源車を横付けし、搬入口から建屋1階の床に高圧ケーブル２００メートルを夜を徹して敷設して、ついに建屋北側にあるパワーセンターに接続していた。津波の浸水から唯一逃れたパワーセンターに４８０ボルトに変換する変圧器を通して電流を流せば、1号機の電源が復活する。まずは、ホウ酸注水系という冷却装置を動かし、1号機の原子炉に注水する計画だった。

ベントが成功。消防注水も海水に切り替えて続行。そして電源が復旧して冷却装置も動き出す。事故対応を左右する３つの重要なミッションが、ここに来て、いずれも明るい兆しを見せてきた。

時計の針は、間もなく12日午後３時半を回ろうとしていた。全電源喪失という未知の危機からほぼ24時間。経験も想像もしていなかった危機が1日続いたが、なんとか人間の知恵と努力で乗り越え、再び日常へと続く領域に戻ることができるのではないか。長い悪夢から覚めるような、張り詰めた空気がわずかながら緩み始めるような、そんな感覚が免震棟を覆おうとしていた。

しかし、次の瞬間だった。午後3時36分。「どん」という下から突き上げるような短い振動が免震棟を襲った。「また地震か」吉田は身構えた。

免震棟から南東に350メートル。中央制御室も「どん」という轟音とともに激しい縦揺れに見舞われた。天井パネルが一斉にパラパラと床に落ち、白い煙が部屋の中に立ち込めた。いすから転げ落ちる運転員もいた。

「なんだ？　どうした？」「全面マスクをつけろ！」怒号が飛び交う。

「格納容器の圧力を確認しろ！」「圧力、確認できません！」

これまでの地震の揺れとは明らかに異なる揺れ方だった。

運転員の一人は「格納容器が爆発した」と思った。死という文字が頭をよぎった。

1号機の原子炉で高温となった燃料によって、燃料を覆うジルコニウムという金属が水蒸気と化学反応を起こし大量の水素を発生させていた。水素は原子炉から格納容器へと抜け、地上のどの物質より軽いその性質ゆえ、上へ上へと流れ、原子炉建屋最上階の5階にたまり続けていた。その充満した水素が、爆発を起こした。

免震棟も中央制御室も東京本店もまったくのノーマークの水素爆発だった。核のエ

ベントを決断して15時間近くが経った12日午後2時50分頃に、7.5気圧だった格納容器圧力が5.8気圧まで低下した。同じ頃、監視カメラでも1、2号機の排気筒から白い煙が出ているのが確認できた

ネルギーが引き起こす様々な反応が、ある瞬間に、膨大な力をもって人間に襲いかかる。そのことを誰もわかっていなかった。

## 1号機水素爆発　縦揺れの衝撃

縦揺れの衝撃に襲われた免震棟では、みな何が起きたのかわからなかった。電源復旧の指揮にあたっていた稲垣は、地震かと思ったが、これまでの余震とまったく違う揺れに戸惑っていた。今までの揺れは、建物を左右にゆらゆらと揺らすような横揺れだった。ところが、今度はまったく違うズドーンという縦揺れに見舞われたのだ。

「尋常な揺れではない」そう感じていた。

縦揺れの衝撃から4分後の午後3時40分。免震棟の誰もが信じられない光景を目の当たりにした。地元の福島中央テレビを映していた200インチのプラズマディスプレイに、建屋上部の壁が吹き飛んだ1号機の姿が唐突に映し出されていた。水色に白がちりばめられた模様で彩られた見慣れた建屋が、突然上半部だけが無機質な鉄の骨組みに入れ替わってしまった。高さ40メートルある巨大な構築物を一瞬のうちに変えて見せる大掛かりな手品を見せられているのではないか。しかし、錯覚などではなく、厳然たる事実だった。

**3月12日午後3時36分、福島第一原発の1号機で起きた水素爆発の瞬間。原発から17キロ離れた地点で、福島中央テレビの無人カメラが撮影した画像**
(©福島中央テレビ)

誰もが啞然(あぜん)として、表情が凍りついたようになった。この映像を見て、初めて1号機が爆発したという事実がわかったのだ。吉田は、すぐに退避をかけた。稲垣は、部下たちの姿が頭に浮かんだ。1号機の隣の2号機のタービン建屋1階では、自分の部下の復旧班のメンバーやメーカー、協力会社の作業員たちが、夜を徹して電源を復旧するための作業にあたっていたのだ。無事なのか。顔から血の気が失せた。

間もなく、免震棟に、電源復旧の作業にあたっていた復旧班員や協力会社の作業員たちが一人、また一人と退避してきた。爆風の黒いほこりにまみれ、いったい誰かもわからない。現場から退避してきた車のフロントガラスは蜘蛛の巣状に割れていた。爆発で吹き飛んだ瓦礫があたって作業服に穴が開いている者もいた。消防注水の作業をしていた者も次々に戻ってきた。命を落とした者はいないのか、安否確認が続いた。腕の骨を折るなど5人がけがをしたが、幸いにも命に関わる大きなけがをした者はいなかった。

吉田も稲垣も胸を撫で下ろした。それもつかの間、落胆させる報告が届いた。1号機の爆発によって、あとわずかというところまできていた電源復旧作業が潰えたという知らせだった。徹夜で敷設したケーブルと電源車が激しい爆風に見舞われ、ケーブルが大きく損傷し、電源復旧は当面ままならないと思わざるを得なかった。爆発によって潰えたのは、消防注水も同じだった。

消防車は、激しい爆風に巻きこまれ、ホースもどうなっているかわからない。

全力を挙げて取り組んできた電源

水素爆発を起こした福島第一原発の1号機。爆風で原子炉建屋を覆っているパネルが吹き飛び、鉄骨がむき出しになっている復旧の試みがあと一歩のところで潰え、頼みの綱だった消防車による注水も中断。復旧に繋がる細い糸がぷつりと断ち切られたようだった。

吉田は、格納容器が壊れたのではないかと恐れていた。大量の放射性物質が漏れ出ているのではないか。しかし、思ったほど放射線量は上昇していない。

「建屋の内部はどうなっているのか」

爆発から21分後の午後3時57分だった。

中央制御室に残った運転員から免震棟に一報が入る。

「原子炉水位、確認できました」

原子炉は壊れていない。格納容器の圧力にも大きな変化はないという報告が入ってきた。どうやら格納容器は健全のようだった。緊迫した免震棟の空気がほんのわずかだが緩んだ気がした。

「こうなると」と吉田は考え始めていた。消防注水の現場を確認するため、現場に人

（写真提供：陸上自衛隊）

**原子炉建屋の水素爆発によって吹き飛ばされた自衛隊車両と消防車**
東電社員の証言：消防車の窓が爆風で割れて、それからスポーンと（瓦礫が）飛んできた。水素ボンベから漏れたと思った。あの辺ガスが充満していたんだと思う。それで一瞬ゆがんで見えた。そしたらものすごい音で、爆音とともに、中が浮いたみたいな感じになった。そのときに、ロケットのように正面から飛んできた　東京電力報告書より

を派遣せざるを得ない。何せ水を入れに行かないとどうしようもない。部下の安全確保は本当に悩ましいが、作業をしないと次のステップにいけない。この折り合いの中で吉田は煩悶していた。今は、なんといっても消防注水を再開させるかどうかだった。吉田は、格納容器が健全ということは、建屋の上部が一気に爆発したが、可燃する源はもうなくなっている可能性が高いと判断していた。

午後4時15分。吉田は、免震棟の消防隊と消防車の運転を委託している南明興産の社員を消防注水の現場に向かわせる判断を下した。

免震棟には、消防車を運転できる東京電力の社員はいなかった。南明興産に頼むしかなかったが、再三にわたって危険な現場に出向いてもらっている。免震棟の幹部が土下座をする思いで、社長に頼み込んで、なんとか了解を得られた。

夕闇が迫る午後5時20分。1号機のタービン建屋付近で、再び消防注水の準備作業が始まった。幸いにも現場に残されていた3台の消防車はいずれも無事だった。作業の大きな妨げになったのは、あたり一面に散らばっていた瓦礫だった。瓦礫は1時間あたり30ミリシーベルトあまりの高い放射線量を帯びていた。原子炉建屋の壁が水素爆発で吹き飛んだ際に、強い放射線を帯びた瓦礫と化していたのだ。現場では、3号機タービン建屋近くの逆洗弁ピットから1号機まで500メートルの間を、消防車3

台を配置し、ホースを長々と敷設し直さなければならなかった。ホースの至る所に瓦礫が覆いかぶさっていた。その瓦礫を被ばくに注意しながら取り除き、ホースの破れた箇所を取り換えるという根気のいる作業が続いた。日が沈み、あたりが暗闇に包まれた午後7時頃までに、ようやくホースの敷設作業が終わった。

この頃、中央制御室では、原子炉の状態を確認するために必要最小限の運転員だけが残っていた。残ったのは当直長以下10人あまりだった。いずれも50代から40代の当直長や副長クラスのベテランばかりだった。部屋では、5分おきにタイマーが鳴るなか、ただ、圧力と水位のデータを読み上げていくだけだった。ベテランの当直副長が呼びかけた。

「写真を撮ろうじゃないか」

中央制御室には、作業の記録をとるために、デジタルカメラが常備されていた。そのカメラを持ち出してきて、写真を撮ることを呼びかけたのだ。嫌がる運転員もいたが、呼びかけた当直副長は、なかば強引に写真撮影を進めていった。「原子炉の状態もわからない。頭がおかしくなりそうだった」運転員の一人はそう思っていた。当直長は、「自分は生きて戻れない」と思っていた。

残っていた運転員の誰もが、死を覚悟していた。自分たちがここにいたという記録

1号機爆発直後、爆発の原因およびその影響がわからなかったため、当直副主任以下の若手職員は免震棟に避難した。1、2号機中央制御室に残ったのはベテラン運転員十数人。写真は、その運転員の一人が死を覚悟して撮影したもの

を残したい。写真を撮ろうと呼びかけた当直副長の胸の内には、そうした思いがあった。呼びかけに応じた運転員もその思いに気が付いていた。爆発で資料や機器が散乱する作業机を前に全面マスクを装着した運転員たちが写真におさまった。その姿はどこか所在なげにも見えた。水素爆発直後の中央制御室をとらえたこの写真は、事故後、貴重な記録として東京電力によって公表された。

## 総理執務室の攻防

「日テレを見て下さい！」耳をつんざくような叫び声が総理官邸5階の秘書官室に響いた。言われるがままに、そのテレビ画面を見た総理補佐官の寺田は唖然として一瞬身体が凍り付いたが、次の瞬間、総理執務室に飛び込んで「今、映っています！」と怒鳴りながらリモコンをひったくるように奪ってチャンネルを日本テレビに合わせた。午後4時50分。その画面を見て、菅をはじめ部屋にいた誰もが驚きの声をあげた。

テレビには、水色に白がちりばめられた建屋上部の壁が吹き飛び、鉄の骨組みがむき出しになっている1号機の原子炉建屋が映し出されていた。一見して爆発したとわかる無残な姿だった。福島中央テレビの映像を系列キー局の日本テレビが、1時間ほど経ってから全国放送した瞬間だった。

菅は、呆然とテレビを見ている班目に「あれは爆発ではないか。どうなっているのか」と問いただした。10時間前のヘリコプター機内で班目が「格納容器は窒素で満たされているので水素爆発しない」と言ったことを蒸し返した質問だった。官房副長官の福山の目には、班目が「あちゃー」と表情をゆがめている姿が映った。福山は抑えきれずに、「あれはチェルノブイリ※型の爆発なのですか。チェルノブイリと同じことが起こったのですか?」と大声で聞いた。

班目は頭を抱えたままで、質問には明確に答えなかった。後の国会事故調の調査に、班目は、このときの記憶がほとんどないと語ったうえで1号機の原子炉建屋は、最上階の5階オペレーションフロア付近が吹き飛んでいるので、格納容器は無事ではないかと思っていたと述べている。東京電力から周辺の放射線量が上昇しているという報告も入ってこなかったので、半分安心していたと話している。

「とにかく早く報告をあげさせろ」菅が秘書官に厳しい口調で指示を出した。明らかに1時間以上前に1号機が爆発するという重大事態が起きているのに、東京電力から爆発したという報告は官邸に届いていなかった。東京電力に対する菅の怒りと不信がまた増幅していた。

※旧ソ連ウクライナのチョルノービリ(チェルノブイリ)をさす。
以下チェルノブイリはチョルノービリのこと

午後６時すぎ。総理執務室の菅のもとに、海江田や総理補佐官の細野豪志（39歳）、それに班目、平岡、武黒ら関係者が集まった。この直前の午後５時55分に海江田は経済産業大臣として１号機の原子炉を海水で満たすよう東京電力に措置命令を出していた。早く海水注入をして原子炉を冷やさなければならない。関係機関の一致した認識だと思っていた。ところが、この場で、菅が思わぬ問いを発した。

「再臨界はしないのか？」

総理執務室は、虚を突かれたように沈黙に包まれた。保安院次長の平岡が「うっ」という表情を見せた。平岡は、唐突な質問だが、原子力の規制機関としてどう答えるのが適切なのか難しい質問だと思った。実は、この直前に菅は、母校の東京工業大学の人脈を通じて別の専門家から再臨界のリスクについて電話で聞いていた。この頃から菅はセカンドオピニオンを重要視するようになっていた。

事業者の東京電力、規制機関の原子力安全委員会や保安院以外の専門家の見解を聞くようになっていたのである。菅が電話で話した専門家は、１９９９年に起きたＪＣＯの臨界事故でも一旦収束した後、再臨界が起きたことを指摘し、メルトダウンした燃料が原子炉の底に平べったくなっていたらいいが、盛り上がって球状に近い形状だと、水が注がれると再臨界を起こすリスクがあると指摘していた。この指摘を踏まえて菅は、再臨界の可能性を問いただしたのである。難しい問いだった。しかもこの時、官邸では、1号機の原子炉の中の状態を示すデータは何一つと言っていいほど把握できていなかった。総理執務室がにわかに緊張してきた。

答えを求められる専門家の立場にあった班目は「可能性はゼロではない」という答え方をした。

この答えを聞いて、細野はびっくりした。再臨界の可能性が有りうるというニュアンスで受け止めたのだ。海水注入は当たり前で、再臨界なんてあるのかと思っていたのに、専門家たる班目が可能性を否定できないと答えたと考え、細野はかなり驚き、まずいと思っていた。

一方、班目は、後の国会事故調のヒアリングで、記憶がないと言いながら「自分が再臨界の可能性はあるかと聞かれたら、ゼロではないと必ず答える」と述べている。むしろ、この時は「海水でも何でもいいから、水を注ぎこむべきだ」という考えだったと語っている。リスクについて専門家の言い回しと政治家の受け止めに、かなりのずれが生じていたのである。

菅の問いと班目の答えから、総理執務室の緊迫感は増し、再臨界はあるのかないのかという議論が延々に続きそうな気配を見せてきた。やりとりが続く中で、誰かが

「そもそも海水注入の準備はできているのか。いつまでに結論をだせばいいのか」と聞いた。武黒が、「海水注入にはまだ1～2時間かかる」と答えた。張り詰めていた部屋の空気が緩んだ。これをきっかけに、海水注入の準備作業が終わるまで、一旦、再臨界の可能性の検討は中断して、午後7時30分に再度集合しようとなった。議論は仕切り直しになった。しかし、この直後、230キロ先の福島第一原発の現場に、思わぬ電話がかかったことをきっかけに、後々まで語り継がれる吉田の名演技が繰り広げられることになる。

## 吉田の英断　海水注入騒動

免震棟では、水素爆発をした1号機に、現場が被ばくの危険を冒しながら粘り強く敷設し直した消防ホースを通じて、午後7時4分から海水注入が始まったことに安堵の空気が流れていた。水素爆発から4時間、絶望の淵からなんとか這い上がった。荒れ狂う原子炉をなだめようとする長い闘いが再び幕を開けた。その現場を率いる吉田は、次なる指揮をどうすべきか休む間もなく目まぐるしく頭を働かせていた。

午後7時25分。その吉田に電話が入った。総理官邸にいた武黒からだった。

「お前、海水注入は？」

「やってますよ」

「えっ？」

「もう始まってますから」

「おいおい、やってんのか。止めろ」

「何でですか？」

「お前、うるせえ。官邸が、もうグジグジ言ってんだよ」

「何言ってんですか」

電話は、そこで唐突に切れた。

吉田は、すぐにテレビ会議を通じて本店に武黒からの電話を短く報告し、本店は聞いているのかと尋ねた。

本店は、武黒から同じ趣旨の連絡があったと話したうえで、ちょっと判断を曖昧にしていると含みを持たせる言い方をした。吉田は、一瞬、この話を本店の判断で握りつぶそうとしているのかと思った。しかし、本店は「官邸が言っているならしようがない」と言い出した。でも、午後7時すぎから海水注入はすでに始まっている。本店は、試験注入という位置づけにしようと提案してきた。ホースを繋いだ注水ラインが生きているかどうかを確かめる試験注入をしていたが、その後止めて、本当の注入を始めるかどうか判断を待っていた。そういう話にしよう。官邸の意向に沿って事実を書き換えて辻褄（つじつま）を合わせる。組織に染み付いた処世術が編み出すいつもながらの知恵だった。

だけど、と吉田は思った。すでに一度できている注入をやめて、もし事態が悪くなったら、誰が責任をとるのか。吉田は自問自答した。本来、本店が止めろというなら、そこで議論できるが、まったく脇にいるはずの官邸から電話までかかってきてやめろというのは、一体何なのか。指揮命令系統が完全に崩れている。これは、もう最後は自分の判断だ。吉田は腹をくくった。

現場の、部下の命を守るのは所長である自分しかいない。吉田は、消防注水を担当している防災班長のそばに歩み寄り、周りには聞こえないように小声で囁いた。

海水注入開始に際し、菅直人総理大臣の了解が得られていないとして、吉田昌郎所長に海水注入停止を働きかけた武黒一郎フェロー（©NHK）

「ここで海水注入を中止するとテレビ会議で命令するが、絶対に中止しては駄目だ」

防災班長は、身体を固くして頷いた。次の瞬間、吉田は、テレビ会議のマイクに口を近づけ、免震棟中に響き渡るような大声で本店に向かって言った。

「海水注入を中止する！」

テレビ会議を見ていた本店はもちろん免震棟の誰もが吉田の命令を微塵（みじん）も疑うことなく聞いていた。

午後7時55分。官邸では、班目や武黒らが菅に改めて海水注入の必要性とリスク対策を説き、菅も納得した。

午後8時10分。武黒から吉田に海水注入を開始してよいという連絡が入った。午後8時20分。吉田は素知らぬ顔をしてテレビ会議に向かって大声で「海水注入を開始する」と指示を出した。しかし実際には、午後7時すぎから1時間あまりの間、海水注入は一度も中断されることなく、ずっと続けられていたのである。これが、後に語り継がれる海水注入騒動の一部始終だった。

事故後、この顚末（てんまつ）が明らかにされると、1号機の事態悪化を食い止めた英断だと、日本中が吉田に喝采を送った。一方、官邸や本店の意思決定の乱れは、様々な角度から検証され、悪しき現場介入と批判された。

海水注入騒動は、吉田の名を一躍あげた。しかし、事故から5年半がたった2016年9月、思わぬ後日譚が明らかにされた。

日本原子力学会で、事故後長く原子炉の注水を分析してきた国際廃炉研究開発機構が最新の研究結果を発表した。その発表は、1号機への注水は、注水ルートを変更した3月23日までは、原子炉冷却への寄与はほぼゼロであるというものだった。にわかには信じがたい解析結果だった。3月12日の時点では、1号機への注水は、配管の様々な箇所から漏洩し、ほぼ原子炉に届いていなかったり、メルトダウンした核燃料に注がれていなかったりして、冷却にほぼ寄与していなかったというのである。実は、これより2年前の2014年8月に東京電力が事故をめぐる未解明事項の2回目の検証結果を発表した際、1号機の消防注水は、原子炉に通じる一本道の注水ラインの10ヵ所で水漏れしていたという見解を明らかにしていた。国際廃炉研究開発機構が発表した1号機への注水が3月23日までほぼ原子炉に届いていなかったという研究結果は、東京電力の消防注水の水漏れの検証結果をさらに進めたもので、より衝撃的な結果だった。

その後、NHKと専門家が「サンプソン」を使って行ったシミュレーションでも同様の結果が出たことから、3月12日から23日まで1号機の原子炉へ水がほぼ入っていなかったことは、定説になりつつある。

吉田が、菅が、武黒が、はからずもそれぞれの生き様をあらわにして必死に考え、行動した結果が織りなした海水注入騒動。しかし、膨大な核のエネルギーを放つ原子炉は、人間の意思をまったく超えたところで、事態をさらに悪化させていたのである。

# 第5章

# 3号機
# 水素爆発の恐怖

原子炉建屋の水素爆発で被災した自衛隊車両　(写真提供：陸上自衛隊)

**東電社員の証言**

1号機側の逆洗弁ピットの脇にいた。あまりの衝撃でびっくりした。空を見上げたら、瓦礫が空一面に広がっていて、バラバラ降ってきて、2人で逃げた。瓦礫にあたっていたかもしれない。2人で走って逃げて、あまりに瓦礫が降ってくるので、もう1人の人を突き飛ばして、タービン建屋脇にあるタンクの壁際に沿って瓦礫をよけるような行動を取った。少したってから、逃げようとしたら、もう1人がトラックの脇で立てなくなっていたので、2人で戻って抱えて歩いて逃げた。ひたすら無線で爆発だと叫んで歩いて戻った

東京電力報告書より

## 連鎖の悪夢　3号機の異変

3号機爆発まで約35時間

事故3日目、3月13日に日付が変わった福島第一原発は、静寂に包まれていた。免震棟の円卓は、ほとんどの幹部が気を失ったように眠りこけていた。地震から36時間、多くの者が一睡もせずに事故対応にあたってきた。1号機の危機をなんとか乗り越えたところで、気力も体力も限界に達し、睡魔に襲われ、つかの間の睡眠をむさぼっていたのだ。しかし、ちょうどその頃、危機の連鎖が3号機へと忍び寄ってきていた。

午前2時すぎ。3、4号機の中央制御室で異変が起きていた。

3号機の高圧注水系・HPCI（High Pressure Coolant Injection system）と呼ばれる冷却システムを動かすタービンの回転数が減ってきたのだ。3号機は、1号機や2号機と異なり、バッテリーが中地下室に設置されていたため、津波の被害を免れていた。最初に起動させたRCICからHPCIに切り替え、生き残ったバッテリーで制御しながら、原子炉に注水を続けていた。ところが、ここにきてHPCIの動きが不安定になってきたのだ。津波で電源が失われてすでに1日半。この間、中央制御室では、照明や計器盤の灯りをこまめに切ってバッテリーの節約に努めてきたが、いよいよ残量が枯渇してきたと考えられた。

１号機が水素爆発して、一昼夜にわたって作業員が懸命に続けてきた電源復旧作業が潰えてしまった。免震棟の狙いどおり、津波の被害を免れていた2号機のパワーセンターと呼ばれる電源盤に電源車からの電気を供給できれば、1号機と2号機の電源が復旧するはずだった。その後は、各号機間に電源を融通しあえるシステムを使って、３号機にも電気が供給されるはずだった。３号機の電源復旧が遠のく中で、ここまでなんとか持たせ続けてきたバッテリーの残量がいよいよわずかになり、冷却装置が動かなくなる危機が間近に迫ってきていた。

HPCI（High Pressure Coolant Injection system）高圧注水系タービン（5号機建屋地下2階）
非常用炉心冷却系のうちのひとつ。蒸気タービン駆動の高圧ポンプで、原子炉に冷却水を注入できる装置。配管などの破断のリスクが比較的小さい。ポンプの流量（＝能力）は原子炉隔離時冷却系（RCIC）に比べて約10倍大きい。福島第一原発1～5号機に設置されている（東京電力資料より）

タービンの回転数が不安定になったＨＰＣＩをこのまま動かすと故障する恐れもあった。３号機の当直長は、ＨＰＣＩを停止し、タービン建屋地下にあるディーゼル発電機で動く消火用ポンプを起動させて、消火用ポンプによる注水システムに切り替えることを考えた。

消火用ポンプのディーゼル発電機は軽油で動くため、電源がなくても、起動させることができるはずだった。

3号機でも、1号機と同じように、すでに過酷事故のマニュアルに沿って原子炉建屋やタービン建屋に張り巡らされた配管の弁を開け閉めして、原子炉に流れ込む水のラインが作られていた。

電源復旧が遠のき、バッテリーの残量が少なくなってきた今、当直長は、構内にある防火水槽を水源として、消火用ポンプによって原子炉に水を流し込むほうが、HPCIによる注水より、安定して原子炉を冷却できると考えたのである。

午前2時42分。運転員が、HPCIを手動で停止した。そして、すぐさま原子炉の圧力を格納容器に逃がすため、SR弁と呼ばれる主蒸気逃がし安全弁を開けようとレバーをひねった。

HPCIは、高圧注水系と呼ばれる名のとおり、10気圧から70気圧までの高い圧力で水を注ぐシステムだ。一方、消火用ポンプは、5気圧前後の低い圧力でしか注水できなかった。

この頃、3号機の原子炉圧力は6気圧から9気圧で推移していた。消火用ポンプに

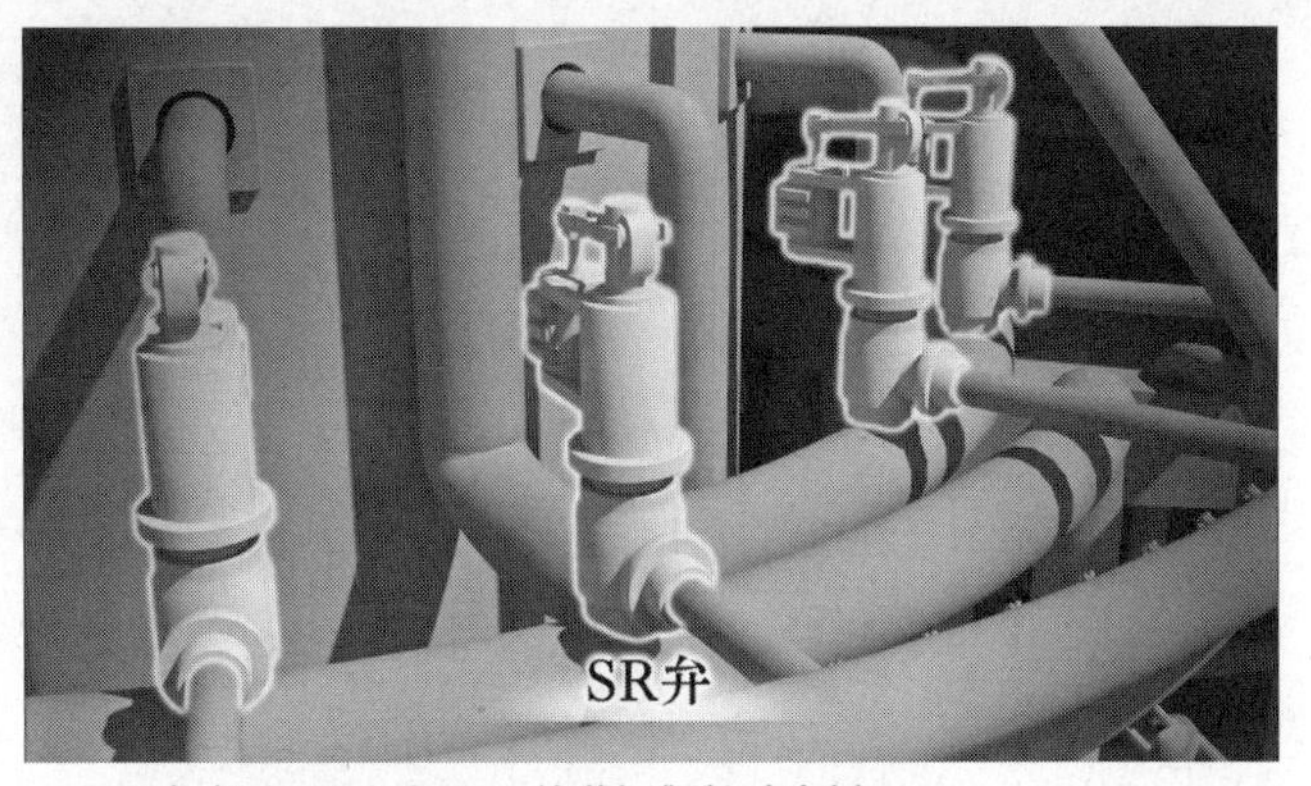


SR弁（Safety Relief valve／主蒸気逃がし安全弁）
原子炉圧力が異常上昇した場合、原子炉圧力容器保護のため、自動または中央制御室で手動により蒸気をサプレッションチェンバー（圧力抑制室）に逃がす弁。逃がした蒸気はサプレッションチェンバーで冷やされ凝縮する
（©NHK）

よる注水に切り替えるためには、SR弁を開いて、原子炉内の高圧の水蒸気を格納容器に逃がして、原子炉の圧力を少なくとも5気圧程度まで下げる必要があった。ところが、思いがけない事態が起きた。

「SR弁、開を確認できません！」

中央制御室に運転員の大声が響いた。当直長がすぐに「他のSR弁は？」と聞く。

SR弁は、全部で8つある。8つあるSR弁をすべて開くと、9気圧程度の原子炉圧力は一気に下がる。ただ、8つあるSR弁のうち1つでも開けば、消火用ポンプで注水できる5気圧程度まで圧力を下げることは十分可能だった。しかし運転員が他のSR弁についても次々と開操作を行うものの、いずれも開かない。

中央制御室の運転員たちに、一気に緊張が走る。

「SR弁開操作不能。減圧できません」運転員の叫び声が響く。SR弁が作動しなければ、原子炉の減圧はできず、注水もできない。

SR弁が動かない原因も、バッテリー不足が濃厚だった。SR弁を開け閉めする制御盤もバッテリーで動く。そのバッテリーが枯渇してきている可能性が高かった。バッテリー不足が、至る所で事態を悪化させてきた。

3号機の原子炉圧力が上昇し始めた。HPCIが停止して原子炉が冷却されないため、原子炉圧力が高まってきたのだ。HPCIが停止した直後の午前2時44分には、5・8気圧だった原子炉圧力は、午前3時には、7・7気圧に上昇していた。減圧どころか、原子炉圧力は刻々と上がっていく。

圧力計をコールする運転員の声が緊迫してくる。午前3時44分には、41気圧まで上がっていた。中央制御室では、再びHPCIを起動させようとした。しかし、動かない。これまたバッテリー不足が原因とみられた。HPCIは停止させるときはわずかな量のバッテリーで止まるが、起動させるときは一定のバッテリー量が必要だった。停止したが起動できないということは、バッテリーが枯渇してきていることを意味していた。バッテリー不足の負の連鎖によって、3号機は原子炉の減圧もできない、注水もできない、危機的状況に陥った。HPCIの停止から、すでに1時間もの時間が過ぎていた。

## バッテリーに翻弄される免震棟　3号機爆発まで31時間

午前4時前、テレビ会議で、免震棟の吉田が、いつもより甲高く慌てた声で本店を呼び出した。

「本店さん。本店？　本店？」

「はい。本店です」と担当者が応じた。

吉田がすぐに本題を切り出した。

「HPCIが、2時44分にいったん停止しました」

まもなく午前4時だった。3号機の原子炉を冷却していたHPCIが止まったという重要な情報について、1時間以上も経ってからの遅すぎた報告だった。

しかし、HPCIが止まったという報告が吉田のもとに届いたのも、つい5分前だった。この間、3号機の当直長は、HPCIから消火用ポンプによる注水に切り替えることについての相談や、HPCIが停止した後、SR弁の開操作に失敗したことも、その都度、免震棟の発電班に報告を入れていた。

ところが、報告を受けた発電班の担当者は、次に中央制御室に向かう交代要員だったこともあって、当直長への助言や相談に気をとられて、免震棟の発電班長に事態を報告していなかったのだ。このため、1時間以上にわたって、吉田以下、免震棟の幹部は、3号機のHPCIが停止し、原子炉圧力が急上昇していることを知らなかったのだ。1号機に続いて3号機も中央制御室と免震棟の情報の共有ができていなかったのである。

吉田が本店に口早に説明した。

「HPCIが停止した後で、炉圧が7気圧から41気圧まで5倍以上上がっているんですよ。これがどういうことなのか、今確認しているんですけど……」

吉田は、3号機で原子炉圧力が急上昇し、危険な状態に入っていることを伝えた。

わずかな間静けさの中にあった免震棟は、再び騒然とした雰囲気に包まれた。

原子炉圧力はどんどん上昇している。とにかく早く減圧して注水しなければならない。吉田は、SR弁を開いて減圧するとともに消防車による注水を準備するよう指示した。

3号機の中央制御室が行おうとしていた消火用ポンプによる注水の圧力は5気圧前

後。これに対して消防車による注水は、9気圧前後はあった。注水圧力は高ければ高いほどいいはずだった。

さらに吉田は、消火用ポンプによる注水では、水源となる防火水槽の水量に限りがあると考えていた。防火水槽からタービン建屋にのびる配管は、地震の影響で破断している恐れもあった。これに対して、消防車ならば、3号機のタービン建屋の海側にある「逆洗弁ピット」と呼ばれる貯水溝に溜まった海水を汲み上げることが可能だった。それは、1号機の消防注水で、すでに実証済みだった。1号機は、今この時間も、海水を消防車で汲み上げ原子炉に注水しているのだ。

吉田が編み出した消防車による注水が、今や原子炉を冷やす最後の砦になろうとしていた。

しかし、そのためにも、どこからかバッテリーを調達して3号機のSR弁を動かさなくてはいけない。

一方、午前5時15分、吉田はベント準備の指示を出した。原子炉が冷却できていないため、格納容器の圧力も3・5気圧程度にまで上がってきていた。ベントの配管には放射性物質の漏洩を防ぐためラプチャーディスクと呼ばれる装置が付けられ、5気圧を超えないと破れない仕組みになっていた。実際にベントを行える圧力には達していなかったが、原子炉冷却ができなければ、5気圧を超えるのは時間の問題だった。さらに吉田を恐れさせていたのは、水素爆発だった。原子炉が冷却されないと核燃料と水が反応し、大量の水素が発生する。1号機で起きた水素爆発をさせないためには、いち早くベントをして、格納容器から水素を放出する必要があったのである。そうした事態に陥らないためにも、まずは、バッテリーを用意するのが最優先だった。しかし、福島第一原発では、全電源喪失を想定していなかったため、予備のバッテリーはどこにも備蓄されていなかった。SR弁を開くには、新たに調達したバッテリーを中央制御室に持ち込んで、操作盤に接続するしか道はなかった。

吉田は、すでにバッテリーを調達するよう復旧班長の稲垣に指示をしていた。SR弁を開くには、120ボルトの電圧が必要だった。しかし、稲垣は、頭を抱えていた。

実は、このときまでに福島第一原発に、東京本店や福島県南部の広野火力発電所から届けられていたのは、2ボルトのバッテリーばかりだった。軽いものでも1個10キロあまり、中には140キロのものもあり、重機がないと移動できないため、まったく使えないものもあった。それでも計器類を復活させるために必要な電圧は24ボルトだったため、これまでは2ボルトを12個直列に繋ぐことで、なんとかしのぐことがで

2ボルトバッテリー（写真左）と12ボルトバッテリー（写真右）
SR弁開放のために必要とされたのは12ボルトバッテリーだった。12ボルトバッテリーは、持ち運びが容易で、10個繋げば、SR弁を開けることができる。しかし、バッテリーがもっとも必要とされた13日までに自衛隊によって届けられたのは2ボルトバッテリーだった。2ボルトバッテリーは重いうえに60個も直列に接続する必要があり、ほとんど使われなかった

きた。しかし、ＳＲ弁に必要なのは１２０ボルト。２ボルトのバッテリーでは、60個も直列に接続しなければならない。「至難の業だ」稲垣は、そう思った。本店が机上で考えることと現場の実態に大きな溝があるのを今更のように恨んでいた。

しかし、その本店も11日深夜から12日朝にかけて、メーカーに対して、12ボルトのバッテリーを１０００個発注していた。ただ、13日の時点で、12ボルトのバッテリーは、原発から50キロあまり南に位置する東京電力の小名浜石炭備蓄センターにあった。バッテリー以外にも、小型のポンプや発電機もここで足止めになっていた。地震や津波による道路の被害

**所内で収集したバッテリーの確保状況**

| 確保元 | 確保日 | バッテリー仕様 | 個数 |
|---|---|---|---|
| 構内企業バスから取り外し | 3月11日 | 12ボルト（車両用） | 2 |
| 構内企業から収集 | 3月11日 | 6ボルト（通信・制御用） | 4 |
| 東電業務車から取り外し | 3月11日 | 12ボルト（車両用） | 3 |
| 個人所有車から取り外し | 3月13日 | 12ボルト（車両用） | 20 |

**購入によるバッテリーの確保状況**

| 確保元 | 確保日 | バッテリー仕様 | 個数 |
|---|---|---|---|
| A．本店手配 | 3月14日 | 12ボルト（車両用） | 1000 |
| | 3月14日 | 12ボルト（車両用） | 20 |
| B．発電所手配 | 3月13日 | 12ボルト（車両用） | 8 |
| C．柏崎刈羽原発手配 | 3月14日 | 12ボルト（車両用） | 20 |

※3月14日に本店が確保し、小名浜コールセンターへ納品された1000個は、同日中に約320個が発電所へ、15日にも個数は不明だが発電所へ運び込まれている

**自社設備からのバッテリーの確保状況**

| 確保元 | 確保日 | バッテリー仕様 | 個数 |
|---|---|---|---|
| A．広野火力発電所 | 3月12日 | 2ボルト | 50 |
| B．川崎火力発電所 | 3月12日 | 2ボルト | 100 |
| C．東京支店 | 3月12日 | 2ボルト | 132 |
| D．新いわき変電所 | 3月12日 | 2ボルト | 52 |

全電源喪失した福島第一原発において特に必要とされた機材はバッテリーだった。バッテリーは計器類の復活や各種冷却系の操作、SR弁やベント弁を開く操作などで用いられる。そのため、本店においても仕様を限定せず、できる限りのバッテリー収集に動いた。バッテリー確保の方法は、所内での収集、購入、自社設備からの流用などがあったが、現場で最も必要とされた12ボルトのバッテリーはなかなか届かず、調達できても輸送手段が確保できずJヴィレッジや小名浜コールセンターなどの物流拠点で足止めになった。そのため、福島第一原発では、所員の自家用車のバッテリーを取り外したり、いわき市内のホームセンターで調達するなど涙ぐましい努力をしたが、最も必要とされた13日までに確保できた12ボルトのバッテリーはわずかに33個にとどまった

や、震災当初の渋滞の影響で、すぐに届けられなかったのである。さらに支援を阻んだのが、放射線量の壁だった。

12日の早朝以降、原発敷地内の放射線量は上昇。福島第一原発の正門付近で計測された放射線量は、12日の午前10時30分に、最大で1時間あたり385マイクロシーベルト、2時間半あまりで、一般の人が1年間で浴びて差しつかえないとされる被ばく限度量の1ミリシーベルトに達する値だった。12日午後以降は、バッテリー輸送のヘリコプターが、原発に降り立つのを躊躇する放射線量になっていた。復旧班が求めるバッテリーは、免震棟のどこを探してもでてきそうもなかった。

## 幻のドライウェルスプレイ　3号機爆発まで約28時間

バッテリー調達が隘路に陥っていた午前7時前、テレビ会議で、現場から新たな策が提案された。３号機の運転員たちとやりとりしていた免震棟の発電班が格納容器を冷やすためにドライウェルスプレイをやりたいと発言したのだ。格納容器はフラスコ型のドライウェルとドーナツ状のサプレッションチェンバーに分かれている。そのドライウェル部分に水を注ぎ込むのがドライウェルスプレイだった。水が原子炉に入らないならば、その水を格納容器の中に吹き付けて冷やすというのは、次なる手としてあり得るように見えた。じわじわと上がってきているとはいえ、格納容器の圧力は、4・5気圧程度。原子炉圧力の10分の1ほどで、5気圧前後の消火用ポンプでも十分水が入る圧力だった。ドライウェルスプレイは、原発事故の際、格納容器に水を注ぎ込むことで格納容器の圧力と温度を下げる緊急手段で、過酷事故のマニュアルにも記載されていた。3号機の運転員たちは、過酷事故のマニュアルを読み込み、バッテリーを節約しながら計測してきた格納容器圧力の値から考えると、今の時点で、格納容器を守るための最善の策はドライウェルスプレイだと判断したのだった。吉田は、即座に反応して言った。

「これが動くんだったらさっさとやりましょう」

吉田のゴーサインを受けて、3号機の運転員たちは、すぐに原子炉建屋の地下室に向かった。消火用ポンプから格納容器に配管の弁を開け閉めして水の一本道を作るためだった。地下室に入ると、原子炉からの熱で室内は異様な熱気に包まれていた。マニュアルの手順にそって、格納容器へと通じる配管の弁を開こうとした時だった。驚いたことに、手袋をつけていても操作ハンドルが握れないほど熱くなっていた。なんとか我慢して弁の開け閉め作業を終えたが、気が付くと、足元では、長靴のゴム底が溶けていた。運転員たちの懸命の操作によって午前7時39分、ドライウェルスプレイが始まった。格納容器を守る奥の手とも言える策が実動した瞬間だった。しかし、そのわずか20分後、テレビ会議で、思わぬ〝待った〟が入った。

「いま本省からなんですけども、なるべくね、早いうちにベント始めて、水素とかそういったものを蓄積避けたいから、ドライウェルスプレイって、そういうことから考えても意味ないんじゃないかって言われてるんだけど」

保安院など国と連絡をとっている本店の担当者の発言だった。格納容器を冷やしていたら、ベント可能なラプチャーディスクが破れる5気圧以上にならないため、ドライウェルスプレイを止めた方がいいのではないかという提言だった。爆発の恐れがある水素を放出するためには、とにかくベントを早くすべきという考えだった。一方で、ドライウェルスプレイを始めてから、上昇を続けていた格納容器の圧力は、横ばいから下降気味となり、安定を取り戻してきたように見えた。ドライウェルスプレイは、格納容器の圧力と温度を下げることで、格納容器内の水素を減らす効果もあるはずだった。格納容器を守るはずのベントとドライウェルスプレイが互いに反目しあうような矛盾した状況だった。

膠着(こうちゃく)状態を打開するかのように、本店常務の小森が口を開いた。

「そういうことだったら、止めることはできるんだろ？」

「聞こえないです」免震棟の復旧班が聞き直したのを、吉田が引き取った。

「ドライウェルスプレイやめられないかっていうのが、今の本店の質問なんだけど」

「弁を操作すれば10分で止められます」と復旧班の担当者が短く説明した。その言葉を受けて小森が結論を言った。

「止めたほうがいいな」

結局、格納容器を守る緊急手段だったドライウェルスプレイは1時間ほどで停止された。本来優先されるべき現場の意思決定に、またしても国が介入して、今度は、結果的に吉田も従う形になった。

## 3号機　バッテリー作戦

ドライウェルスプレイを巡ってひと騒動が繰り広げられている最中も、復旧班はバッテリーを探し続けていた。原子炉に消防注水するには、SR弁を開いて原子炉圧力を下げるしかない。そのためには120ボルトの電圧が必要だった。免震棟の一角では、120ボルト分のバッテリーをどう確保するか侃々諤々(かんかんがくがく)の議論が続いていた。あれも無理、これも現実的ではないという言い合いのようなやりとりが続いた後、不意にみんなを振り向かせるアイディアが出た。

SR弁の作動に必要な直流電源を供給するために、12ボルトのバッテリーを10個直列に接続した

「12ボルトのバッテリーを直列に並べれば、いけるんじゃないか」

福島第一原発に長く勤めてきた叩き上げの40代の復旧班員からの意見だった。

「手作業で配線さえできれば、バッテリーを10個直列にすることは可能なはずだ」

ベテラン班員は、落ち着いた声でそう続けた。心なしか、何人かが顔を見合わせて、頷きあったように見えた。「追い詰められたところで、まさしく閃いた感じか」復旧班を率いる稲垣は、そう思った。地に足がついた現実的な案に思えた。

これまでも復旧班は、水位計などの計器を復活させるために必要な24ボルトの電圧を東京電力や協力会社の業務用の車から12ボルトのバッテリーを取り外しては、2つ直列にして中央制御室に持ち込んでいた。12ボルトの車のバッテリーなら、それほど大きくない。10個持ち込むことも可能に思えた。しかし、業務用の車のバッテリーはあらかた取り外していた。10個もどうやって集められるのか。誰かが、原発構内の駐車場にある自家用車のバッテリーを提供してもらおうと言い出した。しかし、すでに使っている車のバッテリーを集めても十分な電圧に達しないのではないか。そうした慎重論も出た。でも、他に方法がない。ここはやってみるしかない。免震棟のみんなに呼びかけよう。アイディアは一気に具体化していった。最後は、叩き上げのリーダー格である古参の第二復旧班長が「それでやろう」とまとめた。

稲垣は、体力も気力も限界にある中で勇気づけられたような気がした。古くから発電所の電源機器や計器類と格闘してきた現場に強い叩き上げ技術者の発想と行動力が実を結ぼうとしている。それは、決して机上の学問や理論からは生まれない何かだった。しかし、危機に強いというのは、本当は、こういうことではないのか。

午前6時ごろ、免震棟に、いかにもおっさんらしい声で館内放送が響き渡った。

「社員ならびに協力企業の方で、マイカーのバッテリーを貸していただける方は、復旧班のほうへ集まってください。バッテリーの提供をお願いします」マイクをとったのは、第二復旧班長だった。

並行して、復旧班は、免震棟や廊下で雑魚寝（ざこね）している社員や協力会社の作業員のもとを訪れ、車のバッテリーを提供してくれないかと次々と声をかけていた。

免震棟にいた一人は「車のバッテリーをいただきたいので、鍵をちょっと貸してもらえないか」と声をかけられたことを鮮明に覚えている。「事務本館は地震の影響で立ち入りが危なかったし、放射線量も相当高くなっているので、免震棟の前に停めている車からバッテリーを抜き取ると言ってました。鍵を集めると彼らはいっせいにバッテリーをとりにいって、免震棟に持ち帰って来ました」

復旧班が東京電力と協力会社の社員の自家用車から確保したバッテリーは、20個に上った。

## バッテリー作戦の成否

午前8時すぎ、3、4号機の中央制御室に5人の復旧班員が次々とバッテリーを運び込んできた。免震棟の駐車場からかき集めた自家用車の12ボルトのバッテリーだった。直列に10個繋げてSR弁を動かす作戦が始まった。中央制御室の運転員たちが待ちかねていた。

3号機の原子炉圧力は、午前5時台には、70気圧程度まで上昇していた。しかし、運転員たちは、SR弁を動かして原子炉圧力を低下させる以外に、とれる対応はなかった。それまで中央制御室では、運転員がバッテリーを繋いで計器を復活させて、10分おきに原子炉圧力や水位を記録するほかはなす術もなく、その記録を当直長が免震棟に報告する作業だけを続けていた。

中央制御室では、運び込んだ10個のバッテリーを2人の復旧班員が直列に繋ぐ作業を始めた。2人は全面マスクで顔を覆い、懐中電灯のわずかな灯りを頼りに、細かな配線の接続作業を続けた。手にはゴム手袋を装着していた。

ビニールテープを使ってバッテリーを繋いでいくたびに、バチバチと音を立てて火花が散った。120ボルトに近づくにつれて、バチバチという音はさらに大きくなった。感電への恐怖が作業の集中を妨げていた。2人とも全面マスクの中の顔もゴム手袋の中の手も緊張で汗びっしょりになっていた。粘り強い手作業の結果、12ボルトのバッテリー10個が直列で繋がった。

さあ、これから制御盤に繋げようという矢先だった。不思議な現象が起きた。バッテリーの配線をまだ接続していないのに、突然、SR弁の制御盤のランプが点灯し始めたのだ。それまで暗いままだった盤面の弁開を示す赤ランプがチカチカと点滅し、すぐに閉を示す緑のランプも点灯した。やがて制御盤は緑も赤も点灯する中間開の状態になった。まるで、制御盤がバッテリーに繋がることに気が付いて、一足先にランプを点灯させたかのようだった。狐につままれたようだったが、復旧班員はとにかくバッテリーの配線を制御盤に接続する作業を始めた。

午前9時すぎ、免震棟ではテレビ会議で緊迫した議論が続いていた。

「もう原子炉はギリギリの状態になっているから、水を注入するということが一番重要なので早めにSR弁を開いて水を注入したいと思っているんだけれど、いかがでしょう」

吉田が本店に3号機の対応方針を告げているときだった。

「すいません。ちょっと緊急でよろしいですか？　プラントの情報です」

免震棟の担当者の張り詰めた声が割り込んできた。

吉田も本店の幹部も息をのんで耳を傾けた。担当者が続けた。

「今、減圧されまして……炉圧は、70気圧から50気圧……5気圧まできちゃったので」

減圧成功の一報だった。原子炉圧力は急速に下がり続けていた。午前9時10分に4・6気圧。午前9時25分には、3・5気圧にまで下がった。

吉田がすかさず「OK。注入指示」と声を張り上げた。消防車による注入開始の指示だった。

すでに消防車は、3号機のタービン建屋近くに待機し、防火水槽の水をホースで汲み上げ、タービン建屋にある送水口に送り込む準備は整っていた。

免震棟の担当者が待ってましたとばかりに声をあげた。

「消防車のポンプによる注入可能なので、ポンプのほうから只今より注入いたします」

本店の小森が「まず、それ急いでやってください」と興奮を抑え切れない様子でよびかけた。

福島第一原発から南西5キロの大熊町にあるオフサイトセンターにいた武藤も「早くやったほうがいい」と発言した。通信機能がほぼ失われたオフサイトセンターにあって、テレビ会議は当初から回線が無事で、武藤が議論に参加していた。

午前9時25分。消防車による3号機への注水が開始された。HPCIが停止してから6時間半あまりが経っていた。水はタービン建屋の送水口から一本道のラインを通って原子炉へと流れ込み始めた。

吉田は、もう一つの重要操作も行った。ドライウェルスプレイをとめて以降、格納容器の圧力は、6・37気圧まで上昇していた。午前9時20分頃、ベント操作が行われた。圧力は5・4気圧に下がったことが確認された。格納容器に溜まっていた大量の水素もベントによって放出されたとみられた。恐れていた水素爆発が遠のいた。免震棟にも本店にも安堵の空気が流れた。

危機を救った救世主は、なんといっても、復旧班が苦労を重ねて作り上げた12ボルトのバッテリー10個を直列で繋いだ急造バッテリーだった。内情を知る誰もがそう思っていた。

それにしても、ＳＲ弁の制御盤は、なぜバッテリーを繋ぐ前に点灯したのか。この不可思議な現象については、関係する誰もが首をひねるばかりだった。

実は、事故後、この謎について思わぬ見解が明らかになっている。事故から３年経った２０１４年８月、東京電力は、未解明事項の２回目の検証結果を公表した。この中で、13日午前９時すぎにＳＲ弁が開いたのは、ＡＤＳと呼ばれるＳＲ弁の自動減圧装置が、様々な条件がそろって作動したためという見解を明らかにしたのだ。３号機では、午前３時半から午前４時すぎにかけてＨＰＣＩの補助油ポンプと復水ポンプという２つのポンプを相次いで停止していた。いずれのポンプもバッテリーで動いていたので、ポンプの停止とともに枯渇していたバッテリーの電源負荷が一挙に軽くなった。その条件の下、原子炉圧力がＳＲ弁の自動減圧装置が作動する高い値に達したことから、13日午前９時頃、残っていたバッテリーの電源でＡＤＳの６つ以上のＳＲ弁が自動的に開いて、人の手を介さずに急速に原子炉の圧力が下がっていったというのである。

事故後、当時の記録や関係者の聞き取り、さらにSR弁の自動減圧装置の仕組みの分析などを積み重ねてきた末の見解だった。これが真相だとすると、復旧班渾身の手作りバッテリーは、寸前のところで、お株を奪われていたのである。ただ、3号機は依然として直流電源が不安定だったため、その後SR弁の操作ができていたのは手作りバッテリーが接続されたことが大きかった。正午過ぎに再び3号機の原子炉圧力が上昇した際に、SR弁を開いて減圧できたのも手作りバッテリーのおかげだった。追い詰められた復旧班が土壇場で編み出した奇策は確かに3号機の危機を救ったのである。

## 忍び寄る水素爆発の恐怖

3号機爆発まで25時間20分

3号機の危機を乗り切った午前9時40分すぎ。テレビ会議で、吉田が口を開いた。

「気にしないといけないのは、急激に水を入れているので水素ができている可能性がありますよね」

ベントができた後も吉田は、依然として水素爆発を警戒していた。吉田は本店に呼びかけた。

「1号機のような爆発を引き起こさないようにするのが非常に重要なポイントだと思

います。本店も含めて知恵を出してほしいんです」

ひとたび水素爆発が起きると連鎖的に事態が悪化することを、吉田は嫌というほど思い知らされていた。1号機の水素爆発によって、一昼夜にわたる電源復旧の懸命の作業は、水泡に帰してしまった。もはや各号機の電源復旧は、はるか先へと遠のいた。1号機に続いて3号機もメルトダウンに至り、水素爆発を起こしてしまったら、取り返しのつかないことになる。なんとしてもそれは避けなければならなかった。通常であれば、建屋の換気装置で水素を外部に放出できたが、電源喪失で換気装置は動かない。吉田の発言を受けて、本店は、ブローアウトパネルと呼ばれる原子炉建屋の壁にあるパネルを開放することを検討し始めた。ブローアウトパネル

ブローアウトパネル開口部
ブローアウトパネル：破裂板式安全装置とも呼ばれる。原子炉建屋などの壁の開口部を塞いでいる板で、平時は壁として機能している。事故時、建屋内の圧力が高くなり、建屋の爆発が予想される事態になると、物理的にパネルが破裂して開口するように設計されている

は、原子炉建屋の中に有害な気体が発生したり、圧力が高まったりしたときに、換気をするために開放できるようになっていた。まずは、ブローアウトパネルを開くのが最善の策だった。

3号機は、午前中、復旧班が復活させた原子炉水位計によって、原子炉水位も燃料の先端を上回ることが確認され、安定したと思われた。しかし、午後に入って、雲行きが怪しくなってくる。

原子炉水位のデータが、明らかに低くなってきたのだ。午後1時すぎ、テレビ会議で、免震棟の担当者が、原子炉水位が低いままであることを告げると、吉田が「変化ない？」と聞いた。担当者の「はい」という声に、吉田は落胆したように「入っていないのかなあ」とつぶやいた。原子炉への消防注水がうまくいっていない不安が浮かび上がってきた。吉田は、この頃から自らが編み出した消防注水に疑いの目を向けるようになっていった。

追い打ちをかけるように、テレビ会議に嫌な報告が飛び込んできた。

「3号機の現場からですけれども、原子炉建屋の二重扉の内側で1時間あたり300ミリシーベルト。線量上がって、モクモクした状態になってます」免震棟の保安班からだった。

3号機の原子炉建屋の放射線量が上昇し、建屋内は水蒸気でいっぱいになっているという情報だった。

水素爆発を起こす前の1号機と同じ現象だった。すかさず別の担当者が、吉田に進言した。

「二重扉の向こう側がモヤモヤで３００ミリシーベルトあったっていうのは、きのうの1号と似たような状況なんですね。1号は完全に格納容器か原子炉建屋の中に漏れていて、それが水素が上にいっているんで……」吉田もまったく同感だと答えた。担当者は続けた。

「最悪はブローアウトパネル少し原子炉建屋から逃がすとか、今朝方議論していましたけど、そういうことも考えるべきだと思います」なんとしてもブローアウトパネルの開放が急がれた。

ところが、検討していた本店の担当者からがっかりさせられる発言があった。「ブローアウトパネルを開けるとか色々考えましたけども物理的にあるいは安全上から難しいと思います」

ブローアウトパネルは、ボルトで固定され、簡単には取り外せないという。取り外すためには、建屋に入って長時間作業をしなければならず、放射線量を考えると、とても無理だという結論だった。ブローアウトパネルは、中越沖地震の揺れで柏崎刈羽原発3号機のパネルが落下したことが問題になったことを受けて、強く固定したとみられるが、それが仇となった形だった。

免震棟の復旧班から新たな提案があった。

「ブローアウトパネルは無理なので、近づくのは無理であれば、上のほうから天井、ヘリコプターで来て、何かで突き破らせる。そちらのほうも選択する余地もあるかと思います」

ヘリコプターから物を落下させて穴を開ける案だったが、すぐに本店から疑問の声があがった。

「本店でも同じ意見ありましたけど、結局、火花が出て引火して爆発しても同じじゃないかと、それ心配しています」

大きな懸念は、何らかの方法で建屋に穴を開ける際に火花が出て水素に引火することだった。水素爆発の危機が迫って来ているのに、有効な対策は何一つ見いだせていなかった。時間ばかりが過ぎていった。

吉田は、水素爆発のおそれがあるとして、午後2時45分に中央制御室の一部の運転員と屋外の作業員をいったん退避させる指示を出した。水素爆発の危機を突きつけられていることは、免震棟も本店も痛いほどわかっていた。しかし、注水の作業は続けなくてはいけない。状況はほとんど変わっていなかったが、吉田は、午後５時に退避指示を解除した。

水素爆発の対策については、本店が「ウォータージェット」と呼ばれる装置を提示してきた。ウォータージェットは高圧の水で壁に穴を開ける装置で、引火の心配がなかった。しかし、ウォータージェットを所有している企業は少なかった。日付が変わる頃、本店は装置を所有している会社をようやく見つけ、ウォータージェットを発注した。

ウォータージェットは、14日の午前中には、福島県いわき市にあるこの会社の工場に搬送される見通しになった。その後、原発から50キロあまり南の小名浜石炭備蓄センターを経由して、納入されることになった。しかし、それはかなり先のことに見えた。

## 免震棟のメモ

３号機の水素爆発について激しい議論が交わされていた午後１時半頃。免震棟では、朝昼兼用の食事が配付されていた。食事はクラッカー１袋と牛肉の缶詰が１個だった。そして、2リットル入りのミネラルウォーターのペットボトルが1本渡された。水は全員1日2リットルと決められていた。これで1日のすべてを賄わなければならなかった。この頃、免震棟には、東京電力と協力会社の社員あわせて800人ほどが残っていた。これに対して、食料や水の備蓄は、緊急時要員400人の2〜3日分しかなかった。原発構内の放射線量が上昇し、まとまった食事を運び込める目途がたたないため、総務班は一人あたり食事を1日2回、水は2リットルに節約せざるを得なかったのである。この食事だと、1日900キロカロリー程度。成人男性が必要とする1日2000キロカロリーの半分にも及ばなかった。乏しい食事は、長引く事故対応にあたる免震棟の人員の体力を奪うだけでなく、健康も蝕む恐れがあった。協力会社の警備会社幹部の土屋繁男（62歳）も自分の体調が心配だった。

土屋は高血圧の症状があり、薬も服用していた。医師からは水分を十分とるように言われていた。水分不足が心配だったため、総務班にもう少し水をもらえないかと尋ねたが、水が足りないと拒まれた。水不足のため水洗トイレも使えなくなっていた。トイレは1階奥に簡易トイレを設置し、そこで用を足していた。

土屋は、福島第一原発の警備を担当する会社に30年近く勤めていた。地元の工業高校を卒業後、上京し働いていたが、1982年、34歳のときに、妻と一緒に地元に戻

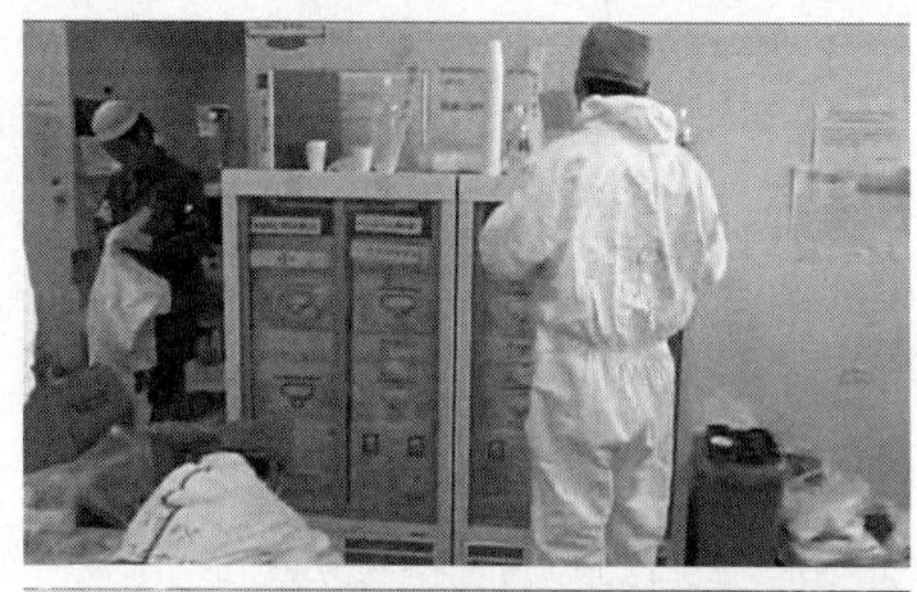

東電社員の証言：生きていく（操作＆監視）には食べるしかなく、身体のことが心配だった

東電社員の証言：保管されていた非常食の乾パンを食べたり、飲料水のミネラルウォーターを飲む際は、汚染覚悟で全面マスクを外さざるを得なかった

東京電力報告書より

免震棟内の給水コーナーと免震棟内での生活物資のバケツリレーの様子

った。原発によって働く場が増えたふるさとに、Uターンし、原発構内を警備する仕事に就いたのだった。放射線取扱主任者の資格もとり、原発の構造も自分なりに勉強していた。

今回の地震でも、いったんは、原発から5キロ離れた自宅に乗用車で戻ったが、妻と母の無事を確認して避難所の体育館に連れて行った後は、すぐに原発に戻り、徹夜で原発の正門や免震棟で警備にあたる部下の指揮をとっていた。

土屋は、改めて円卓の中央に座る所長の吉田を見つめた。185センチほどある長身の吉田は、会議などで土屋と接するとき、いつも身体をやや斜めに傾け、静かな口調で話しかけてくる落ち着いた雰囲気を持つ男だった。しかし、事故3日目に入り、円卓で事故対応の指揮をとる吉田は、明らかに疲れた様子で、部下を怒鳴る場面が目立ち始めた。13日未明から、土屋は、メモをとるようになった。作業着の胸のポケットに入っていた手のひらほどの小さなメモ帳に、ボールペンで気がついたことを書き留めていた。未明から3号機が危機的状況に陥っているのが、傍目（はため）にもはっきりとわかり、何かを記録せずにはいられなくなったのである。

「05　動き慌ただしい。3Uも?」

「3U　損傷まで2時間?」

「09:25　3U　注水+ホウ酸」

メモ帳に目を落とすと、3号機を意味する3Uという文字が至る所に記されていた。3号機に異変が続いていることがうかがえた。

「13:30　朝昼分　牛肉のカンヅメと水」

新たにメモ帳に食事の記録を書き留めた後、土屋は、改めて周囲を見回し、胸がざわつくのを抑えられなかった。

事故対応にあたった福島第一原発幹部たち。普段は冷静沈着な吉田所長も１号機の水素爆発以降、連鎖的に発生するトラブル対応で徐々に余裕を失っていく

円卓周辺では、担当する席で机に突っ伏して仮眠をとる社員が目立ってきた。机の下で横になっている者もいる。協力会社の社員が、対策室周辺の廊下や空き部屋で身体を横にして仮眠をとる姿も目についてきた。誰もが疲労の色を濃くしていた。円卓中央の吉田が苛立って声を荒らげていた。質問したことに、担当する幹部が答えられず「ちゃんと把握するんだよ」「これぐらいちゃんとやってくれよっ」と叱責していた。

ホワイトボードに描かれた系統図を担当者が説明しようとしたときだった。系統図が遠くて見えなかったのか、「そこじゃあ、見えないだろ！」といらついた声で、怒鳴る場面もあった。あの冷静な吉田が、落ち着きを失っていた。土屋には免震棟が統制を失いかねない状態になっているように見えた。不安が胸に広がってきた。

## 退避か作業か　迫る水素爆発の牙

事故4日目に、日付が変わろうとしていた。

依然として3号機の原子炉水位は、低いままだった。3号機には、13日だけでもゆうに400トン以上もの水が送り込まれていた。その量は、原子炉をほぼ満水にするはずだった。しかし、原子炉水位がまったくと言っていいほど上がらない。それは、どうしてなのか。吉田は、ある疑いを強めていた。

14日、午前3時36分。未明のテレビ会議で、その疑いをめぐって、吉田とオフサイトセンターにいた武藤がやりとりをしていた。

武藤「3号はこれまで注入を始めて、どのくらいになるんだっけ？」

吉田「20時間くらい」

武藤「400トン近くぶちこんでいるってことかな。ということは、ベッセル（原子炉）満水になってもいいぐらいの量入れているってことなんだね」

吉田「そうなんですよ」

武藤「ということは何なの？　何が起きてんだ？　その溢水（いっすい）しているってことか？

どっかから？」

吉田「炉水位上がってませんから注水してもね。ということはどっかでバイパスフローがある可能性高いですね」

武藤「バイパスフローって、どっか横抜けしているってこと？」

吉田「そう、そう、そう」

この頃になると、吉田は、注水した水が配管のどこかから漏れていると疑っていた。原子炉を冷却する最後の頼みの綱・消防注水には、なにかしら欠点がある。しかし、他に冷却手段はない。消防注水を続けるしかないとも考えていた。

明け方になると、３号機の格納容器の圧力が上昇してきた。午前0時に２・４気圧だった圧力は、午前5時には３・６気圧、午前6時35分には5・２気圧にまで上昇した。原子炉が冷却されないため、高温の燃料に水が化学反応を起こして大量の水素が発生し、格納容器を圧迫してきたとみられた。そして、大量の水素は、1号機とまったく同じように原子炉建屋に充満してきているのだ。格納容器圧が5気圧を超えたと聞いて、吉田は嫌な値だと思った。5気圧は、理屈抜きに肌感覚で嫌な数値だった。1号機が水素爆発したときの格納容器圧力が5気圧だったからである。縦にドンと突き上げるように揺れたあの感覚が頭をよぎった。

午前6時35分すぎ、吉田は、水素爆発の恐れがあるとして、現場で復旧作業にあたっていた作業員全員に免震棟に戻るよう指示した。

上昇を続けていた格納容器圧力は、6時35分に5・2気圧となって以降、小康状態となった。格納容器がわずかに落ち着き始めたのを見るや否や、吉田が恐れていた議論がテレビ会議に提示された。口火を切ったのは武藤だった。

「吉田さん。少しここ落ち着いているようなので、現場の作業をどうするかってことも含めて、もう一回ちょっと考えませんか？」

消防注水の水源だった3号機のタービン建屋海側の逆洗弁ピットに溜まっていた海水が、いよいよ残り少なくなっていた。このため、200メートルほど北にある原発の専用港から消防車で海水を汲み上げ、別の消防車を経由してホースを繋いで、逆洗弁ピットに補給するラインを作る必要に迫られていた。3号機の原子炉を冷却する手段は他にない。消防注水は途中で漏れているかもしれないが、続けなければいけないのも必然だった。

上司である武藤に対し、吉田は、苦渋に満ちた声で答えた。

「はい。ただ、格納容器のあれはともかくとして、1号のような可能性は十分ありますので、水素の発生、そういう意味で、放射能というよりも、危険作業という意味で言えば、ヤード（現場敷地）に人を配するというのは、極めて難しいと思うのですけど」

　水素爆発の危険が確実にあった。本店が発注したウォータージェットは当面届かない。有効な爆発対策はまだ何もない。吉田は、誰も免震棟の外に出したくなかった。

　本店は、格納容器が落ち着き始めた今だから、海水補給ラインの作業を急ぐべきだと主張した。吉田は、「それはわかってますが」と苛立ったような声を出し、作業員の安全を訴えて反論した。

　議論は平行線をたどった。3号機の格納容器圧力は、午前7時前の5・3気圧をピークに下降に転じ、午前7時20分には5気圧に落ち着いてきた。本店の主張を引き取って、武藤が吉田に呼びかけた。

「作業の再開を検討したらどうかと思いますが、いかがですか？」

　最後は、原子力部門トップの副社長の呼びかけに、現場の所長が折れる形となった。

「一番重要なのは、ピットの水の補給でございますから、これを今、再開しようと思っております」

　退避指示からわずか1時間後の午前7時35分。吉田は退避指示を解除した。しかし、原子炉建屋に充満する水素濃度をまったく測定できていないのに、格納容器圧力が小康状態という曖昧なデータだけで、解除を判断したのは、根拠不足としか言いようがなかった。

この頃、免震棟の円卓にいた復旧班長の稲垣に、副班長が囁いた。

「みんな行きたくないと言っています。班長から話してください」

稲垣は、復旧班員が詰めている小部屋に行った。退避指示が解除されたら、復旧班は、電源復旧作業のため、2号機のタービン建屋のパワーセンターへの電源車の接続作業を再開する予定だった。しかし、1号機のように水素爆発しないのかと不安の声があがっていた。そこには、巨大津波の直後、上司がまだ危険だと止めても現場確認に行きたいと次々と志願してきた部下たちの姿はもうなかった。

稲垣は、部下たちが恐れる気持ちが痛いほどわかっていた。まったくノーマークだった1号機の爆発のとき、外で作業していた部下たちは命からがら避難してきたのである。稲垣は、1号機の水素爆発は水が入らなくなって24時間後に起きているが、3号機では、水が入らなくなってから、長くても半日程度だとみられることやベントができていることから1号機より状況は良いと説明した。そして、ここで行かないと電源復旧ができないから行ってくれないかと頭を下げた。

自分でも根拠が弱い説明だと思っていた。部下たちは納得できない様子だった。しかし、現場をまとめているベテランの副班長らが半ばなだめるような形で作業の必要性を繰り返し説き、この場はおさまった。

午前8時前、免震棟からおよそ40人が、建物から外に出てきた。復旧班と協力会社の日立グループのおよそ20人が2号機のタービン建屋へと向かった。そして、消防班と消防車を操作する南明興産の社員およそ20人は、消防注水ラインを作るため、3号機のタービン建屋海側の逆洗弁ピットへと急いだ。3号機周辺の2つの現場で作業が再開された。しかし、この3時間後、恐れていたことが現実となって牙をむくことになる。

# 第6章

# 加速する連鎖
# 2号機の危機

水素爆発して白煙を上げる3号機原子炉建屋

**東電社員の証言**

3号機の爆発のときは2号機の松の廊下（原子炉建屋とタービン建屋をつなぐ通路）にいた。すさまじい爆発音とともに、ほこりが舞って真っ白になった。乗ってきた協力企業の車が吹っ飛んでいたので、本当に恐怖だった　東京電力報告書より

## 苦渋の計画停電

事故4日目に入った14日未明。東京・霞が関の総理官邸は、新たな難題に直面していた。前日夜になって、東京電力が、計画停電を実施すると発表した。東京電力管内では、地震と津波によって、福島第一原発と福島第二原発に加えて、13基の火力発電所が運転停止に陥り、震災前は5200万キロワット供給できた電力が3100万キロワットしか供給できなくなっていた。休日明けとなる14日月曜日は、官公庁や企業が動き出し、多数の工場が操業するため、電力需要が拡大し、ピーク時には、4100万キロワットの電力需要が予測された。これでは、1000万キロワットも足りない。このため、東京電力は、管内の1都8県の広大なエリアを5つのグループにわけて、午前6時すぎから3時間ごとに、順番に送電を止める計画を明らかにしたのである。計画停電は、電力の安定供給を社是としてきた東京電力にとって、想定もしていなかった苦渋の策だった。ところが、この発表直後、官房長官の枝野のもとには、厚生労働省から、病院や介護施設だけでなく、人工呼吸器を使っているすべての家庭に知らせるまで何としても計画停電を待ってほしいという要望が飛び込んできた。枝野は、すぐに東京電力の担当幹部を総理官邸に呼び出し、とにかく大口の法人顧客に泣きついてでも電力使用を止めてもらって、14日の午前中までは計画停電を始めないでほしいと懇願した。「いや、そんなことをいっても」と幹部は反論したが、枝野は「下手をすると殺人罪で告発しなくてはいけないことになる」とまで口にして、計画停電を遅らせるよう執拗に求めた。「考えさせてください」と言い残して幹部が引き上げて、じりじりと時間が経っていったが、明け方になって、枝野のもとに、東京電力から午前中は計画停電を実施しないという連絡が入った。ＪＲや私鉄各社が節電要請を受けて、かなりの列車を運休するため、午前中は計画停電を回避できる算段がついたのだった。東京電力は、一転して、午前6時すぎからは電力供給を停止しないと発表した。枝野ら官邸関係者は、一様に安堵した。しかし、通勤時間帯になると首都圏各地のＪＲや私鉄の駅には、運休を知らない利用客が朝から続々と詰めかけ、駅構内やホームは人で溢れかえった。駅周辺のバスやタクシー乗り場には、至る所で長蛇の列ができ、大混乱となった。鉄道会社には「停電していないのに、なぜ電車が止まっているのか」という苦情が殺到した。午前11時の定例の官房長官会見で、枝野は、ひたすら詫びるしかなかった。「計画停電に備えて鉄道の運休等がなされているのに、実際の停電が行われていないのでは混乱をさせただけではないかという御批判があろうかと思っております」

枝野は何度も謝罪の言葉を口にしながら、理解を求めた。「今回の事態は鉄道事業者の皆様の御理解による運休の結果として電力使用量が抑えられ、停電の実行を猶予できていると認識いたしております。逆に計画停電がなされていない、あるいは運休等がなければ、より早く電力不足の状況に陥り、何らかの形での停電に至る可能性が高まっていた、言わば裏表の関係にあるということを御理解いただければと思っております」電力不足という巨大な渦に首都圏が飲み込まれようとしていた。

## 3号機水素爆発

3号機爆発まで約30分

計画停電で大混乱する東京から230キロ離れた福島第一原発の上空は、朝から青空が広がっていた。午前10時半。2号機と3号機のタービン建屋の間で、日立グループの福島第一原発事務所長の河合が久しぶりに陽の光を浴びながら作業をしていた。2日前の1号機の水素爆発で潰えた電源復旧作業を再開し、ケーブルの敷設作業にあたっていた。3号機の水素爆発の不安が拭えないと現場に行くのをためらっていた東京電力の復旧班の社員も今は黙々と作業を続けていた。協力会社の日立グループの社員は、河合を含めもう4人しか原発に残っていなかった。その4人全員が現場に出ていた。

3号機のタービン建屋の近くでは、消防班と南明興産の社員およそ20人も作業をしていた。原子炉に注ぐ水の供給源となる逆洗弁ピットに溜まる海水が底をついてきたため、新たな注水ラインを作っていた。200メートルほど北にある原発の専用港から消防車のポンプによって水を汲み上げ、もう1台の消防車を経由して長々と接続された消火ホースによって逆洗弁ピットに海水を注ぐ計画だった。

要請を受けて原発に到着した自衛隊の5トン給水車7台のうち、2台が逆洗弁ピットの補給のため、3号機タービン建屋近くまで移動してきていた。

太陽が南の中空にさしかかろうとしていた午前11時1分だった。すさまじい爆発音があたり一面に響いた。耳元で風船が割れたようなバンという轟音だった。

晴れ上がっていた青い空がまるで霧が立ち込めたように真っ白になり、次の瞬間、ガラガラとコンクリートの破片のようなものが空から降ってきた。3号機が水素爆発した瞬間だった。

作業員たちは死にものぐるいで消防車や建物の陰に隠れた。そばにあった配管の陰になんとかへばりつくように体を隠して思わず目をつぶった。死ぬのではないか。ガラガラと轟音がして、目をあけると、2号機と3号機の間は大量の瓦礫で覆われてい

水素爆発を起こして、白煙を上げる福島第一原発3号機　（©福島中央テレビ）

た。

もはや車は動かせない状態だった。作業していた者は互いに助け合いながら降り積もった瓦礫の上を歩いて免震棟へと避難を始めた。

河合も爆発音とともに激しい振動に見舞われた。その直後、何かが次々と地面に落ちたような衝撃音が響き渡った。河合は、ほんの十数分前に、ケーブル端末の接続作業のために、部下や東京電力の復旧班の社員らと一緒に2号機のタービン建屋の中に入ったばかりだった。

河合がタービン建屋の搬入口から顔を出して見ると、あたり一面が瓦礫で覆われていた。周囲は舞い上がったほ

津波と水素爆発で吹き飛ばされた自動車

こりで真っ白になり、何も見えなかった。建屋のすぐ近くでは、自分たちが乗ってきた車が、瓦礫でぺしゃんこになっていた。

「もし外にいたら」

河合は身震いした。危機一髪だった。20人全員が死んでいただろう。

一緒にいた保安班の放射線管理員が、周辺の放射線量を測り、「山のほうに逃げましょう」と叫んでいた。部下とともに山に向かって駆け出し、あたりを見渡すと、現場にいた自衛隊員や復旧班の社員たちも、道路に積もった瓦礫の上をかき分けるように山に向かって走り出していた。

途中、キーがかかったままのトラッ

クを部下が見つけ、若い自衛隊員に運転を頼んで、けが人を乗せ、免震棟に向かって
ただひたすらに逃げた。
河合は「ああ終わった」と思っていた。「終わった」というのは「もう作業ができ
ない」と「もう生きて戻れない」の2つの意味が重なっていた。かなりの被ばくをし
てしまって、もう生きて帰れないと思っていた。
同じ頃、免震棟も激しい爆発音とともに強い縦揺れに襲われた。誰もがすぐに水素
爆発の再来だと思った。ついに来るべきものが来た。
円卓中央に陣取る吉田は、立ち上がって、本店に怒鳴っていた。
「本店、本店、大変です、大変です。3号機、たぶん水蒸気だと思う。爆発が今起こ
りました。11時1分です」慌てた吉田は、水素爆発を水蒸気爆発と言い間違ってい
た。しかし、そんなことは誰も気が付く余裕すらなかった。本店からの驚きの声を遮
るように、吉田は叫んだ。
「免震棟ではわからないんですが、地震とは明らかに違う揺れが来て、地震のような
後揺れがなかったということで、多分これは1号機と同じ爆発だと思います」
吉田が医療班に大声で指示を出していた。
「負傷者が必ず出てくるのでその受け入れを見て、それを確認して！」

各班とも安否確認を急ぐが、現場の作業員と連絡がとれない。

情報を集約する総務班のコールが響いた。

「今、40人くらいが行方不明。現状でわかっているのは、1名が脇腹を押さえてうずくまっている。他は見あたりません！」

40人が行方不明。免震棟は殺気立った。

「死のう」吉田は思った。もし本当に40人が死んでしまったなら、この場で腹を切ろうと思っていた。吉田のすぐそばの円卓では、稲垣が両手で頭を抱えていた。つい３時間ほど前、水素爆発の不安を訴え現場に行きたがらなかった部下を自分が説得して送り出したのだ。「もし、部下を死なせてしまったら」どれくらいの間だろうか。意識が飛んでいた。気が付くと円卓の周りを行き場を失った幼い子供のように歩き回っていた。すぐ近くでは、副班長が必死になって部下と連絡をとっていた。しかし、ＰＨＳもトランシーバーも繋がらない。焦燥感にかられた。とにかく帰ってきてほしい。ひたすらＰＨＳにむかって部下の名前を呼び続けた。20分がすぎた頃だったろうか。部下たちが一人、また一人と免震棟に転がり込むように入ってきた。誰もが真っ青な顔をしていた。顔から血を流している者もいた。しかし、いずれも自分の足で歩き、無事だった。テレビ会議では、総務班が叫んでいた。

「行方不明は随分見つかっています。みなさんこうやって帰ってきてます」

免震棟に続々と作業員たちが戻ってきた。40人といわれた行方不明者の数は、徐々に減っていった。

一人も欠けずに全員が戻ってきたことがわかると、稲垣は、一気に力が抜け、大きく息を吐いた。

最終的に、東京電力の社員4人と協力会社の社員3人、さらに直前に給水車で駆け付けて近くで作業をしていた自衛隊員4人のあわせて11人が、吹き飛んできた瓦礫が身体にあたり、打撲傷を負っていた。いずれもけがの程度は重くなかった。奇跡とし

**水蒸気を上げる3号機原子炉建屋**
東電社員の証言：この先どうなるんだろうと途方にくれるなか、突然「ドガーン」とものすごい音とともに天井のルーバーが外れ中ぶらりんとなり直感的に「あっ、格納容器が爆発した」と思った。さらに「死」も頭をよぎった。誰かがとっさに線量計をかざし指示値を確認していたが、大きな変動がなく「あれ上がっていない」と思った。「大丈夫かな」「中央制御室の天井はそんなに頑丈にできてないよな」「早く非常扉を閉めて養生し外気が入らないように」など、（みんな）瞬時に何がおきたのか分からなかった　東京電力報告書より

かいいようがなかった。「仏様のおかげとしか思えない」吉田は、心の中でつぶやいた。

ほどなく、保安班から周囲の放射線量に変化はなく、中性子も検出されていないという報告が入った。その瞬間、吉田は「助かった」と思った。格納容器の圧力も爆発前後で変化はなかった。爆発から1時間、吉田は、3号機は原子炉建屋が爆発しただけで、格納容器は損傷していないと確信した。しかし、安心している暇はまったくなかった。

**水素爆発で激しく損壊した3号機原子炉建屋**
東電社員の証言：１号機水素爆発後にケーブルを引きなおしたが、３号機で水素爆発がおこった。メンバーは走って（免震棟の）緊急時対策室に戻ってきた。作業員はパニックだった　東京電力報告書より

## 2号機の危機

1号機の水素爆発から43時間あまり。さらなるメルトダウンを食い止めようと、奔走してきたが、3号機も水素爆発した。この後、事態はさらに悪化していく。1号機、3号機に続いて、2号機にもメルトダウンの危機が迫ってきたのだ。

午後0時30分ごろ、2号機の原子炉水位の低下が続いていることが確認された。

2号機は、津波ですべての電源が失われる直前に起動させた冷却システムRCICによって、事故から4日目となった時点でも原子炉への注水が続けられていた。しかし、ここに来て注水が減ってきたのだ。そもそもなぜRCICがここまで動き続けているかも誰一人わからなかった。

ただ見守るだけで奇跡的に動き続けていたRCICがついに何らかの原因で機能を失いかけている。吉田以下、免震棟の幹部は、RCICが停止するのは時間の問題だと考えた。

技術班は、午後4時ごろに水位は燃料の先端に到達するという予測をはじき出した。このままでは、あと3時間半ほどで2号機もメルトダウンのとば口に立ってしまう。なんとか原子炉を冷却しなければならない。その方法は、今や1つしか残されて

いなかった。それは、消防車による注水だった。ところが、3号機の爆発の影響で、その注水に向けた作業は止まったままだ。

誰かが現場に行って、消防車やホースの状態を確かめ、今や最後に残された命綱ともいえる200メートルにわたる注水ラインを作らなければならない。

消防車からの海水注入ライン

吉田が一人円卓の前に立ってマイクをとった。落ち着いた声だった。

「今回のようなことになってしまったことは、本当に申し訳ない」

円卓の周りでは、みな座って吉田の顔を見つめていた。

「だけど、ここで行かないと、それこそ取り返しのつかないことになる。今までもお詫びするけど、なんとか行ってくれないか」現場にもう一度行ってほしい。吉田の懇願だった。

免震棟は微かにざわめいた。1号機、3号機と2度にわたる爆発を経験していた。2号機もいつ爆発するかわからない。これまで奇跡的に無事に戻ることができただけだ。次はどうなるか、まったくわからなかった。誰もが顔を強ばらせていた。

その時だった。それまで免震棟で復旧班の指揮をとっていた副班長が手をあげた。

「自分が行きます」

躊躇はなかった。これまで部下や協力会社の社員が現場に行って、自分が前面に出ていないことに負い目があった。恐怖心はあった。けれど、やらなければならないことが、待ったなしで目の前にあることはわかっていた。これ以上状況を悪くすることはできない。とにかく行こう。

副班長は、消防車による注水の重要性が痛いほどわかっていた。1号機のイソコン、2号機のRCIC、3号機のHPCI。いずれの冷却装置ももはや動かない。原子炉を冷やすには消防車による注水しかないのだ。消防注水は、事故が起きた11日夕方に吉田が思いつき、各班に指示を出した対策だった。11日深夜から1号機近くに消防車を配置し、作業員が苦労に苦労を重ねてポンプやホースを移動し、ようやく原子炉に届く配管にホースを接続した。1号機の水素爆発で、いったんは作業が中断したが、すぐに作業を再開し、海水を注入することに成功したのだ。

その後、HPCIが停止した3号機も消防注水に切り替え、2号機も切り替えようとしていた。他の冷却手段が、ことごとく潰えた今、消防注水は最後に残った砦なのだ。

その砦が、3号機の爆発によって使えなくなっている。作業の指揮にあたってきた自分こそ、現場に行って守らなければならない。気がつくと、復旧班の同僚と自分の部下も手をあげていた。俺も行く。俺も。次々と声があがった。免震棟はいつものようなざわめきを取り戻していた。現場であしよう、これもしなくてはいけないといった屈託のない技術者の声があちこちで聞こえた。その部下たちを見つめながら、吉田は、自分の心が震えるのを抑えることができなかった。

しかし、予期していた水素爆発を防げずに事故の収束作業を大きく後退させてしまった失敗の穴埋めを、またも現場の献身的な使命感に頼るしかないのは、事故対応の在り方に何か大きな欠陥があるとしか思えなかった。吉田以下免震棟は崖っぷちに追い込まれていた。

## 音のない世界　4号機爆発まで約17時間

午後1時すぎ、副班長は、志願した仲間と一緒に免震棟を出た。防護服を着込んで、全面マスクをかぶって、外に出た瞬間、変わりはてた光景が目の前に広がった。

毎日通っていた事務本館は、窓ガラスが吹き飛び、壁が崩れ落ちていた。駐車場では何台もの乗用車がひっくり返り、道路は至る所で陥没し、巨大なタンクが流れ着いていた。

妙に現実感がなかった。しばらくして、その理由に気がついた。

音がない。そうか。電源がないので、音がまったくしないのだ。全面マスクをしているので、余計に何も聞こえない。昼間なのにやけに静かだ。いつもは、原発構内を歩くと、何らかの音が耳に入った。行き交う車両のエンジン音、工事に伴う音響、それに作業員の話し声。しかし、今、音はまったく聞こえない。音がないことが現実感を失わせているのだ。

その音のない世界の中で1号機と3号機が無残な姿をさらしていた。原子炉建屋の

**水蒸気を上げる3号機**
東電社員の証言：２号機タービン大物搬入口にいた。ケーブル引きをやっていた。ドンと音がして揺れた。爆発だと思った。状況を確認するために搬入口の外に出て、煙を測ったら線量が50ミリシーベルトくらいと高かったので、煙がなくなってから避難することにした。１号機側のゲートは通れないことがわかっていたので、２号機と３号機の間のゲートを通って逃げた。２号機と３号機の間は爆発の瓦礫があって、瓦礫をよけながら走って逃げた。線量は100ミリシーベルトのところもあった　東京電力報告書より

上半分が吹き飛び、ぐにゃりと曲がった鉄骨がむき出しになっている。あたり一面に爆発で吹き飛んできた瓦礫やコンクリートの破片が散乱していた。

ふいに思った。まるで戦場のようだ。

そこらじゅうが壊れている。原子炉建屋が空爆されたら、こんな状況になるのではないか。自分は、今、戦場に立っているのではないか。

3号機タービン建屋近くにある貯水溝の周りに配備されていた福島第一原発や柏崎刈羽原発から派遣されていた3台の消防車は、いずれも停止していた。長くのびたホースの上には、至る所に瓦礫が重なり落ちて破損していた。とても使える状態ではなかった。さらに、注水用の水瓶となっていた貯水溝の中にも瓦礫が降り積もり、海水がほとんどなくなっていた。もはやここから注水はできなかった。

幸いにも、専用港近くで海水を汲み上げていた千葉火力発電所の消防車と、貯水溝との中間地点に配備していた南横浜火力発電所の消防車は3号機から離れていたため、瓦礫の被害を免れていた。

副班長らは、無事だった千葉火力発電所の消防車で専用港から汲み上げた海水を、南横浜火力発電所の消防車を経由して2号機と3号機に送り込むことにした。専用港からホースを200メートルあまりのばし、2号機と3号機のタービン建屋にある消火用送水口に直接接続すれば可能だった。

瓦礫を除去しながら使えるホースを接続する作業が繰り返し行われた。作業を始めておよそ2時間半。専用港の海水を直接2号機と3号機に送り込む200メートルあまりの注水ラインが完成した。午後3時30分、副班長らは、消防車を起動させた。2号機の原子炉圧力を減圧すれば、消防車のポンプを動かし、注水できる態勢が整えられた。

副班長が携帯していた線量計は、作業開始から累積で40ミリシーベルトを超えていることを示していた。放射能を帯びた瓦礫が放出する高い放射線量にさらされ続けた結果だった。しかし、屋外での作業を続けるうちに、副班長の胸の中に、高い放射線量よりも恐ろしさを感じるものが現れていた。

それは、目の前にそびえ立つ2号機だった。

2号機は、原子炉建屋の壁についているブローアウトパネルが外れ、白い蒸気のようなものが立ち上っている他は、爆発した1号機や3号機と違って、事故前とさほど変わらない姿のまま、そこに立っていた。

その姿が目に入るたびに、爆発するのではないかという不安にさいなまれるようになっていった。副班長は作業中、次第に、2号機が爆発したら、どうすべきか真剣に

白い蒸気を上げる2号機原子炉建屋

考えるようになっていた。今爆発したら、止まったままの消防車に飛び移って、そこに隠れる。今爆発したら、物陰から物陰にダッシュして走る。今爆発したら……。

副班長は振り返る。

「壊れていない2号機が不気味でした。線量は線量計を持っているので、ある意味コントロールできる。しかし、爆発となると、いつどこで、どうなるかわからない」2号機の恐怖感を語った後、副班長はこう続けた。「そして記憶としては音がない。気持ち悪いほどに。それが本当に怖かった」

## 4号機燃料プール高線量の謎

2号機への注水ラインの作業の指揮をとる一方で、吉田は、もう一つ大きな懸念を本店に訴えていた。

午後1時頃、テレビ会議で吉田が発話した。

「ものすごい気になるのが、使用済み燃料プールで言うと、この3日間くらいで各プールの温度が上がってるという情報が入ってきてる」

使用済み燃料プールの問題だった。オフサイトセンターの武藤がまったく同感だと応じた。

「４号機なんかですね。かなり温度が上がってるという情報が入ってきて、点検に行った人間が原子炉建屋の中が非常に線量が高くて、ウェッティ（湿っている）というような話もしてるんで、サポートお願いしたいなと」

吉田が口にしたのは3号機が水素爆発する直前に4号機に向かった復旧班の報告についてだった。

復旧班員ら5人が午前9時すぎに使用済み核燃料を保管するプールの水温上昇を抑えるために、4号機の原子炉建屋1階から最上階5階のプールに向かう予定だった。

燃料プールの温度は、通常30℃前後だったが、4号機は、14日午前4時すぎには、84℃まで上がっていた。4号機は、シュラウドと呼ばれる原子炉の中にある巨大な構造物の交換工事が行われていたため、原子炉からすべての燃料を取り出し、プールに入れていた。プールにおさめられていたのは、使用済み核燃料が１３３１体、まだ使っていない新しい燃料が２０４体、あわせて１５３５体あり、2号機や3号機の3倍近くに上った。使用済み核燃料の発熱によって、プールの水温は、電源喪失からじわじわと上がり、60時間あまりの間に、およそ50℃も上昇していたのだ。当初の計画では、5人は、4号機の燃料プールと接している交換機器の貯蔵用のプールに満たされている水をポンプで汲み上げて、燃料プールに注ぎ、冷却するはずだった。ところが、二重扉を開けた途端、5人のポケット線量計のアラームが鳴った。しかも、建屋の中は、真っ白い霧のように蒸気が立ち込めていた。4号機は原子炉は運転停止中でいくら燃料プールの水温が高いといっても、１００℃もいっていない。4号機で放射線量があがる理由がわからなかったが、5人は撤退せざるを得なかった。この報告を聞いて、吉田は、なんとか手を打たなければいけないと思っていた。温度が上昇しているのはもちろんだが、本店に「ウェッティ」と言ったように、建屋の中に白い蒸気が立ち込めているのも気がかりだった。同様の報告を受けた稲垣も嫌な予感を禁じえなかった。原子炉建屋の中に白い蒸気が立ち込めているのは、1号機と3号機の水素爆発を起こす前の現象と同じだったからである。しかし、4号機は、他の号機と違って、定期検査中で、燃料は原子炉に入っていない。どう考えても、燃料がメルトダウ

湯気を立てる福島第一原発4号機原子炉建屋5階使用済みの燃料プール(上) と東京電力福島第二原発4号機の原子炉から取り出され、使用済み核燃料プールに移される燃料集合体 (左)

東電社員の証言：1号機爆発により3、4号機中央制御室の線量が急上昇。当初1号機の原子炉建屋内の水素が爆発したものと認識しており、なぜ屋外の線量が上がるのかよく分からなかった。通信手段が当直長席のホットラインのみで、中央制御室外の状況や情報がほとんど分からず、とても不安だった

東京電力報告書より

ンして、放射性物質を発生させるわけはない。

この報告を聞いた免震棟の幹部の誰もが、首をひねるばかりだった。

4号機の原子炉建屋に白い蒸気が立ち込め、放射線量が上昇していた理由は、重大な危機が4号機に迫っている兆しだった。しかし、この時点で、その理由を免震棟も本店も誰一人として気がつくことはできなかった。

## 2号機のジレンマ

復旧班の副班長らが爆発の恐怖と闘いながら作業を進め、なんとか午後3時すぎには、2号機への注水ラインが整った。しかし、ここにきて免震棟はジレンマに陥っていた。

待ちに待った注水ラインが完成し、吉田をはじめ免震棟の誰もが、一刻も早く2号機への消防注水を開始したかった。そのためには、原子炉の圧力を下げなければいけなかった。

ところが、その減圧作業にすぐに入れない問題が生じていたのである。

原子炉は通常70気圧ある。これに対して、消防車のポンプは9気圧前後のため、原子炉の圧力を大幅に下げなければならない。そのために、ＳＲ弁と呼ばれる主蒸気逃がし安全弁を開いて、原子炉の高圧の水蒸気を格納容器に逃がしてやる必要があった。通常、SR弁が開くと、原子炉から抜けた高温の水蒸気は、格納容器下部にある圧力を調整する圧力抑制室と呼ばれる巨大なドーナツ状の設備に注がれていく。圧力抑制室は、英語の名称をサプレッションチェンバー（Suppression Chamber）と言った。しかし、例によって長く覚えにくかったせいか、現場では、いつしか「サプチャン」と呼ばれるようになっていた。イソコンと同様、覚えやすく言いやすい愛称になったのである。

そのサプチャンには3000トンもの冷却水が溜まっていた。注がれてきた高温の水蒸気はサプチャンの冷却水によって冷やされ、水に凝縮される。高温高圧の水蒸気が流れ込んでも、格納容器の温度を一定に保ち、圧力を維持するための仕組みだった。

しかし、このとき、2号機のサプチャンには異変が起きていた。想定外の運用を続けてきた結果、水温149℃、圧力4・8気圧と、設計段階の最高想定を超える異常な高温高圧状態になっていたのだ。

実は、2号機は12日午前2時55分にRCICが作動していることが確認できた際、運転員が、水源をサプチャンに切り替えていた。本来の水源である冷却水タンクの水

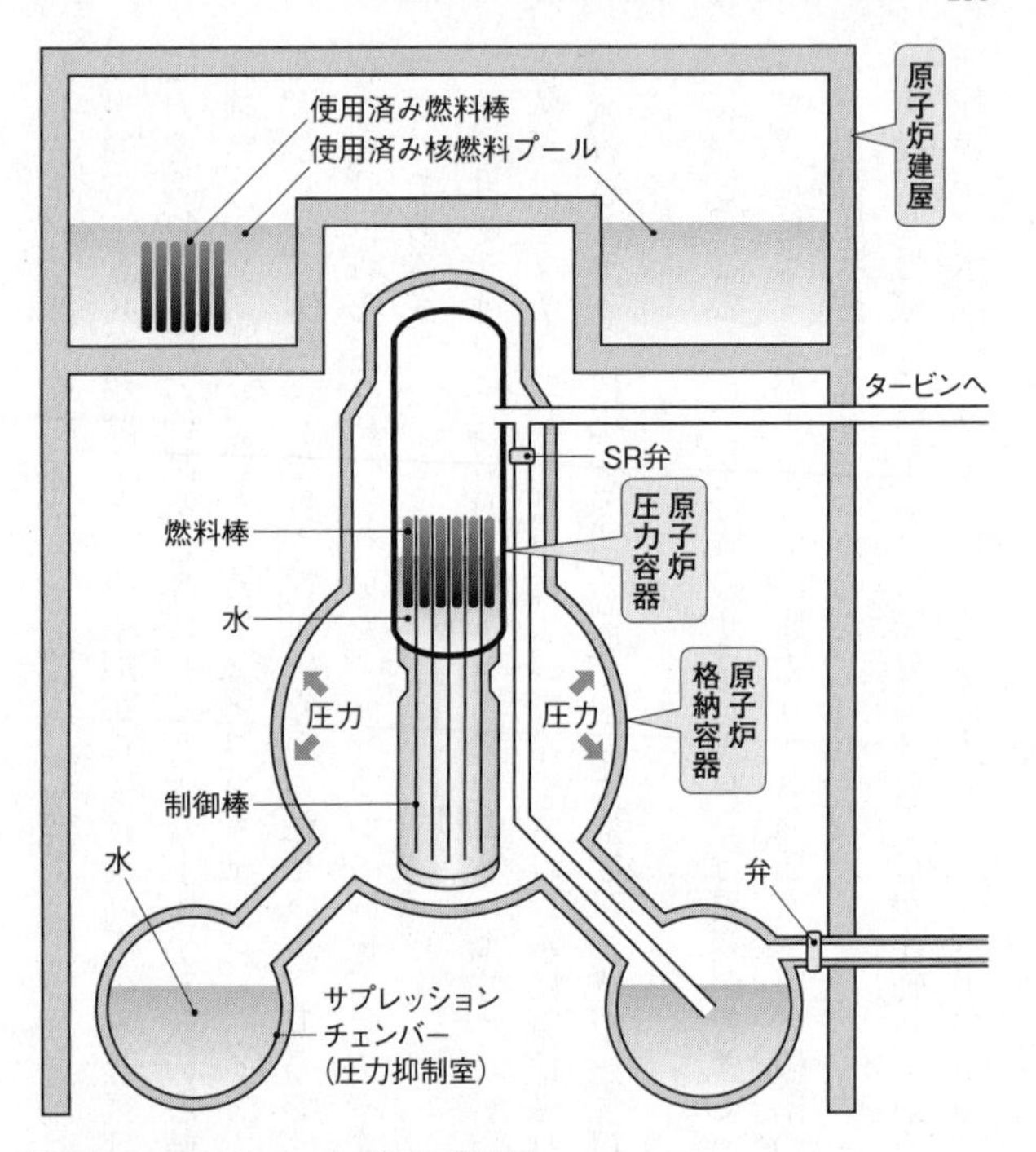


サプレッションチェンバー（圧力抑制室）
沸騰水型炉（BWR）だけにある装置で、常時約3000立方メートル（福島第一原発2～5号機の場合）の冷却水を保有しており、万一、圧力容器内の冷却水が何らかの事故で減少し、蒸気圧が高くなった場合、この蒸気をベント管等により圧力抑制室に導いて冷却し、圧力容器内の圧力を低下させる設備。また、非常用炉心冷却系（ECCS）の水源としても使用する
2号機のサプレッションチェンバー（圧力抑制室）には3000トンの冷却水が溜まっている。RCIC冷却水の水源として流用したため、2日半にわたる原子炉の冷却作業の結果、サプレッションチェンバーは通常の運転ではありえない高温高圧の状態にあった。この状態でSR弁を開放すると、圧力容器から高温高圧の水蒸気がさらに流れ込み、サプレッションチェンバーを破損する恐れがあった。同時に、消防車による注水を行うためには、SR弁を開放して原子炉の圧力を下げる必要があった。吉田所長以下、東京電力の技術者たちは難しい判断を迫られることになった

が残り少なかったためだった。それから実に2日半にわたってRCICが作動し続けたことで、原子炉からもたらされる水蒸気によって、サプチャンが異常な高温高圧状態になっていたのだ。このうえさらに、SR弁から一気に水蒸気がサプチャンに流れ込むと、その温度と圧力をさらに上昇させ、破損する恐れさえあった。

吉田は、本店とのテレビ会議の中で、まずは格納容器から気体を外部に放出するベントを行って、サプチャンの圧力を下げてから、原子炉を減圧して注水する方向で協議していた。

技術班の机では、〝安全屋〟と呼ばれる解析担当者たちが、吉田の指示を受けて、2号機の原子炉水位の予測やサプチャンの温度や圧力の予測をパソコンを駆使して懸命に試算していた。

午後4時をまわった頃だった。テレビ会議で本店と議論をしていた吉田の電話が鳴った。ちょうど同じ頃テレビ会議では、本店フェローの高橋明男(たかはしあきお)（58歳）が吉田に呼びかけた。

「吉田所長。ごめんなさい。聞こえますか。吉田所長」

呼ばれた吉田は、誰かと電話で会話を続けていた。

免震棟の担当者が「吉田さん今電話に出ています」と伝えた。

高橋がややうんざりといった様子で発言する。

「いまね、官邸からね、注入開始しろという電話がいっているはずなんですよ。それ言おうと思ったんだけど」

高橋は、総理官邸から吉田に電話がかかるはずだと伝えようとしたのだが、すでに吉田は電話を受けていた。吉田が耳にあてた受話器の向こう側から、興奮した甲高い声が「水を入れろ。水を入れろ」と叫んでいた。甲高い声には、聞き覚えがあった。

「班目先生ですか?」吉田は、努めて冷静に尋ねた。声の主が「そうだ」と答えた。

吉田は、電話をいったん置いて、テレビ会議の出席者に呼びかけた。

「えっと、みなさん聞いて。本店さんも聞いてください。今、安全委員長の班目先生から電話が来まして、格納容器のベントラインを活かすよりも注水を先にすべきではないかと。要するに減圧すると水が入っていくんだから。一刻も早く水を入れるべきだというサジェスチョンが安全委員長から来たんですが……」

原子力安全委員長の班目が事故対応について吉田に直接提案してきたのだった。

前日の13日未明から総理大臣官邸5階に集まった海江田や細野らが、班目とともに、時折吉田に電話をかけて、福島第一原発の状況を聞いていた。そして、ときには、事故対応についても意見を言ってきていた。しかし、テレビ会議と結ばれていない官邸からの意見は、二転三転する現場の状況や原子炉の最新のデータを持ち得ていない中で発せられるものだった。

今回は、班目が、ベントを待つことなくすぐにSR弁を開けて2号機を減圧して注水すべきだと提案してきたのだった。ただ、このときも総理官邸は、2号機の状態を詳しく把握できてはいなかった。依然として福島第一原発の原子炉の状態を示す圧力や温度などをリアルタイムに官邸に届けるシステムはまったく機能していなかった。この場面について、後の国会事故調のヒアリングに対して、班目は官邸で電話を渡され助言するよう求められたが、情報がほとんどない中でできる助言に限界があったと打ち明けている。

吉田は、電話を繋いだまま、免震棟にいる技術班に向かって聞いた。

「そのサジェスチョンに対して、安全屋さんそれでいいかしら？　そういう判断で」

吉田から返答をふられた技術班の解析担当者は、すぐに答えた。

「サプレッションチェンバーの水温が130℃を超えています」

担当者は、班目が議論に入っているためか、ここは愛称のサプチャンではなく正式名称のサプレッションチェンバーを使って答えた。解析担当者は、サプチャンの温度が130℃以上という最新データを強調した。サプチャンがこれほど高温高圧状態になっていればSR弁を開いても減圧できない恐れがあった。吉田も正式名称を使って班目に説明した。

「先生、安全屋に聞いたら、サプレッションチェンバーの水温がもう100℃を超えてるというんですよ。おそらく入らない可能性が高いと言っている。そこは、安全屋と話をさせますんで……」

吉田が回してきた班目からの電話は、すぐ近くにいた同僚が受け取った。

「もしもし、お電話かわりました……」2号機の最新データを把握していなかった班目の提案は、吉田ら免震棟によって退けられた。

テレビ会議で一部始終を見聞きしていた本店の幹部も、SR弁の開放よりまずはベントを優先すべきという見解に異論はなかった。格納容器から圧を抜き、高温高圧になっているサプチャンを守ることが先決だと考えていた。

解析担当者は、安堵した。その一方で、最後は、SR弁を開いて減圧しなければならないと思っていた。ベントに成功したあとは、SR弁を開いて原子炉を減圧して、水を流し込まなければならないのだ。

そもそも、こうしている間にも原子炉水位はじわじわと下がっている。

恐いのは、サプチャンの破損だけではなかった。免震棟は、SR弁を開けたら、原子炉から高圧の水蒸気があっという間に格納容器に抜け、原子炉の水位が急激に下がることを憂慮していた。原子炉を減圧すると、中の水が沸騰して、水が一気に減る「減圧沸騰」という現象である。

このため、すぐに注水しないと、原子炉の燃料がむき出しになり、メルトダウンに至ってしまうのだ。

免震棟と東京本店は、ベントを午後5時に行うことを決めた。吉田がテレビ会議で改めて確認をとった。

「5時ということですが、ベントラインが動作できれば、可及的速やかに5時を待たずにやるということも視野に入れてやるということでよいですか」

「それでやってください」

最終的なゴーサインの声をあげたのは社長の清水だった。地震発生時関西に滞在中だった清水は愛知県で足止めを食っていたが、なんとか12日午前に東京に戻り、この頃には本店の対策本部でテレビ会議に参加していた。

紆余曲折の末、格納容器のベントに向かって動き出したが、作業はのっけからつまずく。復旧班は、いずれRCICが停止することを見越して、仮設照明用小型発電機を使って電気で動くベント弁を開く準備を整えていた。しかし、肝心の発電機が過電流により停止してしまったのだ。

そこで、空気圧で動くＡＯ弁と呼ばれる空気作動弁を開く作業に取りかかる。

「ウェットウェルベント。ＡＯ弁、開にします」

「ドライウェル圧力低下、確認できません」

「ベントができているのか？」

「空気が足りないと思われます」

「２号機、中央制御室、ベントできていません！」

既設の空気ボンベでは、ベント弁を開く十分な空気圧が得られなかったのだ。

「格納容器の圧力は？」

「現在７００キロパスカル。さらに格納容器内の線量も上昇」

ベントを急ぐしかない。窮地に陥った復旧班は、既設の空気ボンベに加えて、２号機のタービン建屋の人物搬入口付近に配備した可搬式のコンプレッサーを配管に接続して、空気を入れ込もうとした。ベント弁に繋がる配管がタービン建屋の入り口まで70メートルにわたってのびていることに目をつけ、長いその配管にコンプレッサーを接続して、空気を送り込もうというのだ。

可搬式コンプレッサーの空気圧でベント弁を開ける作戦は、１号機が水素爆発を起こす1時間半前の3月12日午後2時すぎに行われ、成功したものだった。このときの実績から復旧班は、今度もこの作戦を進めたのである。

しかし、今回はなぜかコンプレッサーを起動しても、ベント弁が開く気配がない。1号機で通じた作戦が2号機では通用しない。復旧班は混乱した。

「ドライウェル圧力740キロパスカル。高止まりしています」

「2号機、まだベント実施できておりません。格納容器内の線量が上昇し続けています」

午後4時20分すぎ、ベント作業にあたっていた復旧班から「すぐにはベントができない」という報告が吉田にあがる。即座に原因はわからない。復旧班は、何らかの原因で空気圧が十分でなく、確認しなければならないと説明した。

すかさず吉田が聞く。

「それは、どれくらいのスピードでやるの？」

復旧班が答えた。

「これは圧が見えないので、動くまで待つしかないですね」

確認に時間がかかるという見通しだった。

「それじゃあ駄目だよ」失望を隠せない様子で、吉田が言った。

にわかにベントに暗雲が立ち込めてきた。そのときだった。テレビ会議のやりとりを聞いていた社長の清水が、突然発言した。「吉田さん、班目先生の方式で行ってください」

ベントを優先するのではなく、班目が言っていたようにただちに2号機のSR弁を開いて原子炉を減圧し、消防車による注水を開始しろと指示を出したのだ。

社長が示した突然の方針転換だった。

社長の指示に吉田が、反射的に「はい。わかりました」と答える。

「それでやってください」清水は重ねて言った。

しかし、清水は会社トップの社長とは言え、資材畑が長く、原子力はまったくの専門外である。テレビ会議は、遠く離れた関係者をリアルタイムに結ぶ利点がある一方で、際限なく広がった関係者が現場に突然口を挟んでくるという副作用もあった。

さすがに吉田は、原子力部門トップで安全解析の専門家である武藤の意見を聞こうとした。

「本店の社長の指示が出ましたけど、技術的に武藤本部長、大丈夫ですか？」

しかし、このとき、頼りになるはずの武藤は、オフサイトセンターからヘリコプターで本店に移動中で、不在だった。テレビ会議のオフサイトセンターの画面は無言のままだった。

清水が念を押す。「大丈夫だね？」

吉田は内心で「現場もわからないのに、よく言うな」と憤っていた。早く水を入れたいのは、現場の誰もがそう思っていた。しかし、手順もある。考えうる限りの手をうって作業しているのだ。躊躇していると思われたなら、心外だった。

結局、吉田はベントの準備も並行して行うことを確認したうえで、SR弁を開いて減圧することを決めた。

技術班の解析担当者は、身震いした。SR弁を開いた途端に原子炉の水はあっという間に減ってしまう。それだけにタイミングを見計らってすぐに注水しなければならない。注水できないと、2号機の原子炉の水位が急激に下がって、燃料がむき出しになり、一気にメルトダウンに突き進む。電源も水源もある普通の状態でも難しいオペレーションだった。それを何もかも普通どおりにできない状態でやらなければならないのだ。

「失敗したら地獄のようなことになる」そう思った。

ベント作業を指揮していた稲垣は、方針転換もやむなしと思っていた。

「これ以上待っていると燃料が損傷してしまう。とにかく減圧して水を入れないとかえってひどいことになる」

午後4時34分。1、2号機の中央制御室は2号機のSR弁を開く作業に入った。中央制御室には、前日の13日朝に、構内の車からかき集められた12ボルトバッテリー10個が運び込まれていた。3号機に運んだときに、2号機にも運び込んでいたのだ。直列に10個並べたバッテリーをSR弁の制御盤に接続した。3号機のSR弁で試みた秘策を2号機でも行ったのだ。

しかし、SR弁は開かない。何度試してみても、SR弁は開かず、原子炉圧力は70気圧のままだった。原因はわからなかった。

1号機のベント弁を開けるために可搬式コンプレッサーを配管に接続して空気を注入する作戦。バッテリーが枯渇した3号機で直列に10個バッテリーを並べて、SR弁を開ける方法。いずれも事故対応に苦しむなかで福島第一原発たたき上げの復旧班のベテラン社員たちが知恵を絞り出して編み出した方法だった。その最後の手段を使って、1号機や3号機でなんとか修羅場を乗り越えてきた。しかし、今、危機が迫る2号機は1号機や3号機で通じた最後の手段さえ通用しない。

ベントもできない。SR弁も開かない。なす術がなかった。2号機の操作は完全に行き詰まってしまった。こうしている間にも、原子炉の水位は刻一刻と下がっている。

なぜ開かないんだ。稲垣は気が動転した。

胃に痛みが走った。「まるでお腹の中に鉛が入ったようだ」そう思った。

解析担当者の頭には、最悪の事態がよぎった。

このままいったら、やがては格納容器が高圧破損して、本当に壊れることになる。そうなったら、チェルノブイリ事故のようなことになる。そこらじゅうを汚染してしまい、自分たちも生きてはここを出られない。それは地獄だ。

吉田の隣で指揮をしていたユニット所長の福良も切迫感に押しつぶされそうになっていた。

２号機が減圧して、次のステップにいけなければ、大量の放射性物質が外に出ることになりかねない。そうなれば、外に出られなくなり、いずれ1号機、３号機も注水できなくなる。とにかく減圧をしなければと焦っていた。

もし、２号機が減圧できずに格納容器が壊れ、大量の放射性物質が外部にまき散らされたとしたら。それは取り返しのつかないことを意味した。

１９８６年のチェルノブイリ原発事故では、メルトダウンした核燃料によって原子炉が爆発し、大量の放射性物質が外部にまき散らされた。事故対応にあたった作業員や消防士などおよそ30人が急性放射線障害で亡くなっている。人は６０００ミリシーベルト以上の放射線量を全身に浴びるとほぼ全員が死に至る。

1999年、茨城県東海村で起きたJCOの臨界事故では、35歳と40歳の男性作業員が1万ミリシーベルト以上の放射線を浴び、全身の皮膚が炎症し、内臓の機能が失われ、亡くなった。それは絶対にあってはならないことだった。

吉田も生きた心地がしなかった。これまでの危機の中でも段違いに死に近いと感じていた。これが駄目だったらどうしよう。とにかく水が入ってくれ。後は、神に祈るしかないと思っていた。
1、2号機の中央制御室では、復旧班がSR弁をなんとか開こうと考え得る限りの策を試みていた。10個のバッテリーを直列に並べた急造バッテリーを持ち込み、SR弁の制御盤に繋ぎこむ作業が繰り返されていた。SR弁は格納容器に8ついている。最初のSR弁が開かなかったら、制御盤からバッテリーをはずして、違う弁の制御盤にバッテリーを接続した。バッテリーの配線をいったんすべてはずしてつなぎ直したりもした。さらに電圧を上げるため、10個のバッテリーを11個に増やすことにも挑んだ。復旧班も運転員も一緒になって格闘しているなかで誰かが声をあげた。
「電磁弁に直接繋ごう」

制御盤にある電磁弁からのびるコイルに直接バッテリーの配線をあてて「励磁」し

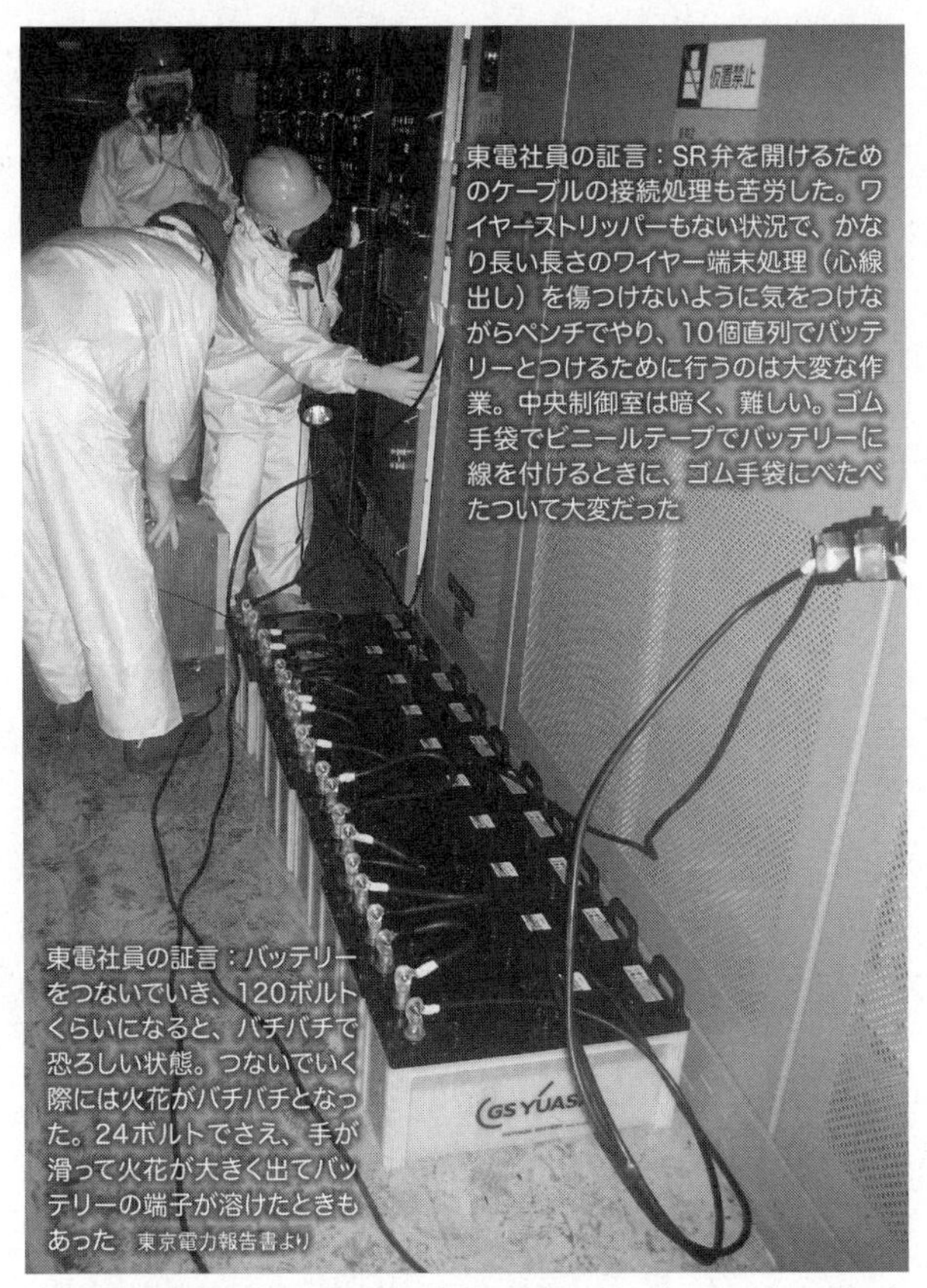


**SR弁の作動に必要な直流電源を供給するために、12ボルトのバッテリーを10個直列に接続した。写真は、2号機電源室内でのバッテリー接続作業の様子**　写真：東京電力

ようというのだ。それまでは制御盤にあるSR弁を開くスイッチの回路にバッテリーを繫げていた。電磁弁のコイルに直接電流を流せば、少しでも電力が強くなり弁が開くのではないか。現場で試行錯誤を繰り返した末に思い付いた機転だった。

「電磁弁に励磁しました」

「了解。原子炉圧力……。低下を確認できません。さらに上昇傾向」

「なんで減圧できないんだ」

それでもSR弁はなかなか開かなかった。じりじりと時間がすぎていった。中央制御室は根気強く弁をかえては電磁弁の直接励磁を続けた。

## 喫煙室の吉田

重苦しい空気に包まれた免震棟の円卓を、警備会社幹部の土屋は、呆然と見つめていた。もはやそこには、見慣れた統制のとれた原発の姿は微塵もなかった。

14日午前11時1分に3号機が爆発して以降、土屋のメモには、それまでの3号機から一転して2号機の記述が目立つようになった。

「13：05　2Uへ対策開始」

「14：15　2Uのリミット近く　総動員で現状把握」

「16：00　情報のサクソウ　リミット　後1H」

午後4時ごろには、円卓周辺から、2号機の燃料の先端に到達するのは、あと1時間というコールが聞こえた。それまでには、なんとか注水をしなければならないはずだ。

しかし、土屋にも、2号機の減圧がまったく進まず、水を入れられない状態に陥っていることがわかった。円卓中央に座る所長の吉田が幹部らに指示を出していたが、その顔は疲労が色濃くなっていた。

以前は担当者に「あれはどうなっているんだ？」と尋ねた際、担当者が一瞬答えられなくなり、吉田は、こらえきれなくなったように「そんなことぐらい把握して説明しろよ！」と怒鳴っていた。しかし、この頃になると、吉田が大声を出して怒鳴る場面は、3号機が危機を迎えた13日にくらべ、めっきりと少なくなっていた。むしろ、疲労が隠せない様子だった。

吉田はヘビースモーカーで、事故対応に追われながらも煙草を吸っていた。免震棟2階の緊急時対策室から階段を降りたところにある1階の喫煙室に煙草を吸いに行く姿を、土屋はしばしば目撃していた。吉田は一度に4～5本を連続して吸うときも少なくなかった。

事故発生以来、ほぼ不眠不休で陣頭指揮にあたってきた吉田昌郎福島第一原発所長だが、2号機が危機的な状況になった14日午後以降は、精神的・肉体的な極限状態にあることをうかがわせる場面もあった
（©NHK）

土屋には、その数分の喫煙の時間こそ、吉田が自らを落ち着かせ、次から次へと襲いかかる危機に対応するために考えをまとめる貴重な時間のように思えてならなかった。

2号機が膠着状態に陥って1時間近くが経った午後5時30分ごろ、土屋は、吉田が円卓から喫煙室に向かったことに気がついた。

「せめて煙草を吸って気をやすめ、また元気に指揮をとってほしい」土屋はそう思った。

ところが、このとき、吉田は煙草を吸い終わった後、円卓に戻らずに、2階廊下の脇にある小部屋に入ったまま出てこなくなってしまった。

心配した土屋が部屋をのぞくと、吉田が長身をごろんと転がすように横にして目をつむっていた。疲れ果てた表情だった。その表情は6000人あまりが働く福島第一原発を率いるトップの苦渋と、3日3晩ほとんど眠らずに走り続けてきた56歳の中年男性の極限の疲労をないまぜにしたように見えた。このまま起き上がれないのではないか。土屋ははらはらしながら吉田の顔を見つめていた。

災害でも短期的な緊急対応は、最長でも72時間が限度と言われている。72時間を超えたら、リーダーをはじめとして交代を含めた態勢の見直しを考えなければ、持続可能な危機対応ができないとされている。このときは、地震発生からデッドラインの72時間をすでに超え、74時間あまりが過ぎていた。しかし、吉田は、現場のほぼすべてを把握して即断即決できるリーダーだった。吉田の代わりはいなかった。

10分ほど経っただろうか。吉田は、目を開けて身体を起こした。そしてゆっくりと長身を揺らしながら、再び円卓へと歩き始めた。

## 減圧の攻防　4号機爆発まで約12時間

SR弁の開放作業が始まって1時間半が経った午後6時すぎだった。膠着状態を破るように免震棟の円卓中央から、吉田の声が響いた。

「減圧開始したみたいです」

免震棟では、もはや現場が何をしているかわからなかった。バッテリーの配線をかえたことが良かったのか。バッテリーを11個にしたのが良かったのか。とにかく原子炉圧力が下がり始めたようだった。中央制御室では、あきらめることなく電磁弁への直接励磁を続けていた。ついに5つ目の弁で確かな手ごたえを感じていた。70気圧だった2号機の原子炉の圧力が徐々に下がり始めた。SR弁が開いたのだ。

本店フェローの高橋が抑えきれないように、弾んだ声で聞く。

「よし！ ポンプは？」「注入も開始したの？」

免震棟から減圧が開始しただけだという応答が来た。高橋は自らを諫（いさ）めるように「減圧開始か。まだ入んないか。あわてちゃいかんな」とつぶやいた。

午後6時3分、2号機の原子炉圧力は、60気圧まで下がった。「午後6時6分、54気圧」「午後6時12分、24・7気圧」

免震棟では、原子炉圧力が下がっていることを知らせるコールが続く。

減圧ができた。最大の危機を乗り越えたのではないか。吉田は、心底うれしかった。

SR弁の開放作業の指揮をとっていた稲垣は、安堵と脱力感で、いすにへたり込んでいた。

午後6時すぎ、免震棟にいた土屋は、「線量を食っていない者は誰だ？」という大声が復旧班の机の周辺で響くのを聞いた。復旧班の何人かが手をあげていた。手をあげた者には、すぐに全面マスクと防護服が手渡されていた。誰かが1、2号機の中央制御室に行って、免震棟で見ることができないデータを取ってくる必要が出てきたという話だった。免震棟の外や1、2号機の中央制御室の放射線量は、どれほど高くなっているのだろうか。放射線取扱主任者の資格を持つ土屋にも、もはや想像もつかなかった。

装備を装着しようとする復旧班のメンバーの周りには、同僚たちが集まっていた。口々に「頑張ってこい」「必ず帰ってこい」と声をかけ、肩をたたき、手を握っていた。

1、2号機の中央制御室に向かうメンバーに、自分のペットボトルの水を飲ませている者もいた。この頃、ペットボトルの水は残りわずかになっていた。いつ支給されなくなるかもわからず、みな大切に飲みつないでいた。その貴重な水を惜しみなく与え、励ましている。土屋は目頭が熱くなってきた。これは〝決死隊〟なのだ。勇気ある〝決死隊〟を、仲間みんなで励まし、送り出しているのだ。

しかし、次の瞬間、土屋は不思議な既視感に襲われた。

それは、ずっと昔、映画かテレビか、あるいは、自分の夢か何かで見たようなシーンだった。みんなが頑張っている。だけど、トップが倒れてしまい、ナンバー2以下で物事を進めようとするのだが、なかなか進展しない。そんなシーンだった。

吉田が倒れたように寝ている姿を見たために、そんな既視感に襲われたのか。それとも、どんなに頑張っても、もはや誰も制御できないこの危機的状況への恐怖が疲労のたまった頭の中に既視感となって現れたのか。

土屋は、事故以降、免震棟が懸命の対応にあたっても、1号機の爆発、3号機の爆発と、決して制御できない原発の恐ろしさを身にしみて感じていた。そして、今また、続く2号機との格闘は、これまで以上の最大の危機に見えた。

不意に思った。魔物を起こしてしまった。人が制御できない魔物を起こしてしまったのではないか。かつて自分には統制がとれた姿に見えていた原子力というものが、今は、心の底から怖かった。

## 免震棟の遺書　4号機爆発まで11時間14分

2号機の原子炉圧力は、午後6時25分すぎには、8気圧程度まで下がってきた。9気圧前後ある消防車のポンプで注水できるまでに下がってきたのだ。

一刻も早く消防車による注水を始めなくてはならない。免震棟も東京本店も注水開始という報告を待っていた。ところが、午後6時30分、吉田が血相を変えてテレビ会議で大声をあげた。

「現場を確認したところ、消防ポンプが止まっているという話が入ってきてるんで、今燃料入れに行っている話が入ってきているんで、大至急対応しています」

　2号機近くで待機していた2台の消防車がいずれも燃料切れで停止しているという報告だった。長時間、エンジンをかけたまま待機状態にしているうちに燃料が切れてしまったのだ。免震棟はあわてて構内にあったタンクローリー車で燃料を運ぶ作業に入った。SR弁が開いて原子炉が急速に減圧したときに、すかさず水をいれないと、空焚きになって原子炉温度が急上昇してしまう。吉田は生きた心地がしなかった。2号機はベントができる気配もまったくなかった。原子炉温度が急上昇し、核燃料が溶け出すと、格納容器の圧力も急上昇してくる。本店にいた武藤は、格納容器の危機が迫っていると焦っていた。テレビ会議で怒鳴るような武藤の大声が響いた。

「格納容器の圧力が上がってきたときに、1号や3号と違ってどこがぶっ壊れるかわかんなくなるんだからさあ。早くベントしないと！」

「承知しました。全力でやります」免震棟の担当者が張り詰めた声で応じた。

　武藤は「あとは水だな」と声をあげ、とにかく原子炉への注水を急ぐよう指示を飛ばした。

この直後だった。免震棟の技術班の担当者が報告した。

「これまでの2号機の状況ですけど、午後6時22分ぐらいに燃料がむき出しになっているのではないかと想定しています」

技術班の試算では、すでに1時間前に2号機の原子炉の水位は、燃料がむき出しになるまで下がっているという報告だった。

担当者は、試算結果では今から40分後の午後8時すぎには完全に燃料が溶融し、さらにその2時間後の午後10時すぎには原子炉圧力容器が損傷するという予測を告げた。

「非常に危機的な状況であると思います。以上です」

報告が終わった。

免震棟も東京本店も、一瞬、静まり返った。これまで以上の危機が迫っている。誰もがそう感じていた。沈黙を破るように武藤が再び大声をあげた。「ともかく水入れて、それからベントだ。この2つだよ」

緊迫する円卓を見つめながら土屋は、今のうちに、メモ帳に自分の思いを残しておかなければならないと思った。

もう生きて帰れないかもしれない。初めて死を明確に意識した。廊下に座り込んで胸ポケットからメモ帳を取り出し、開いた。

真っ先に妻の顔が目に浮かんだ。妻は同級生だった。東京で再会し、結婚したのだった。福島に戻ろうとしたとき、東京の生活に慣れていた妻はわずかに抵抗した。しかし、ふるさとに2人の家を建てようという土屋の言葉についてきてくれた。その家に、もはや帰ることができるかどうかすらわからなかった。妻になによりもお礼が言いたかった。

「全てにありがとう。いい人生でした」

母の姿が思い浮かんだ。80歳をこえた母は、今も丈夫で、食事も洗濯も何もかも一人でやっている。申し訳なかった。

「元気で。先にスマン」

兄と姉、姪や甥、思い浮かぶ限り世話になった人の名前を書き、短く自分の思いを書き留めた。

そして、改めて免震棟を見回し、最後にこう記した。

「多勢の人が、会社、年齢、男女をこえて、全力を出している。仲間が居る」

免震棟の懸命の努力を記録として残しておきたかった。自分もその中の一人だということを確認し、残しておきたかった。

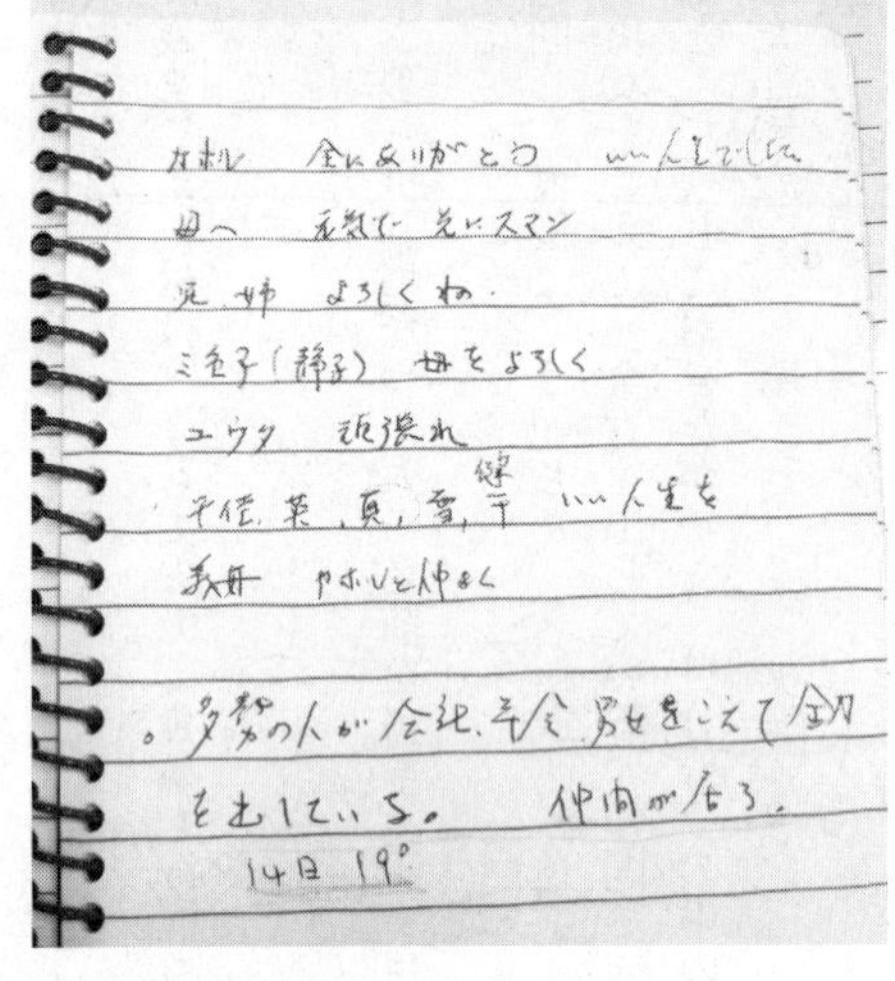
カホル　今迄ありがとう　いい人生でした
母へ　元気で　先にスマン
兄、姉　よろしくね。
ミ重子（静子）　母をよろしく
ユウタ　頑張れ
義母　カホルと仲よく
。多勢の人が会社、年令、男女をこえて全力をだしている。　仲間が居る。
14日　19°

福島第一原発の警備会社の幹部だった土屋繁男は、2号機の危機に瀕して、死を覚悟して、遺書となるメモを書いた（©NHK）

そのときだった。廊下に見慣れた長身の男がゆらりと出てきた。土屋は顔をあげた。

吉田だった。吉田が土屋たちに向かって、口を開いた。

「みなさん。ありがとうございました」

淡々とした口調だった。沈んでもいないし、高揚もしていない。いつもの吉田らしい冷静な話しぶりだった。吉田は、廊下にいた数十人の協力会社の社員に向けて話し始めた。

「みなさん、いろいろ対策は練りましたが、状況はいい方向にむきません。みなさんが自らの判断でここを出て行くことを止めません。準備ができましたら、入り口のドアは開けさせます」

午後7時30分、吉田が免震棟にいる協力会社の社員に、退避を促した瞬間だった。およそ30分後、土屋は、他の協力会社の社員たち20人とともに免震棟を出た。後ろを振り向くと、数十人の協力会社の社員たちが階段に並んでいた。

夜の冷気が身体を包んだ。3日ぶりの外の世界だったが、感慨はなかった。一刻も早く、高い放射線から脱出しなければならなかった。土屋は、同僚2人とともに足早に50メートルほど離れた駐車場に停めてある会社の白い三菱パジェロへと急いだ。

## テレビ会議退避の議論　4号機爆発まで10時間40分

免震棟に残っていた土屋たち協力会社の社員に、吉田が退避を促した14日午後7時30分ごろ、免震棟と東京本店を結ぶテレビ会議でも、初めて「退避」という言葉が幹部の間でやりとりされた。

最初に口にしたのは、このとき、武藤と交代してオフサイトセンターにいた常務の小森だった。小森は、2号機の原子炉水位が、午後6時22分に燃料がむき出しになるまで下がり、午後8時すぎには燃料が溶け、午後10時すぎには原子炉圧力容器が損傷するという技術班の予測を踏まえて、こう言った。

「退避基準というようなことを誰か考えておかないといけないし、発電所のほうも中央制御室なんかに居続けることができるかどうか、どこかで判断しないとすごいことになるので、退避基準の検討を進めてくださいよ」

実際、小森がいたオフサイトセンターは室内の放射線量が上昇し、この後午後10時頃から中にいた関係者が順次およそ60キロ北西にある福島県庁に退避することになる。

小森の言葉に、本店にいた副社長の武藤が即座に「わかった。それやって」と応じた。

12日から14日にかけて、協力会社の社員や東京電力の女性社員、それに体調を崩した社員を順次バスで近くの避難所やオフサイトセンターに退避させていた。その数は300〜400人に上るとみられる。

そして、14日午後7時30分ごろに吉田が、土屋ら最後まで免震棟に残っていた協力会社の社員に退避を促したことで、数十人が免震棟を後にしたと推定されている。午後8時ごろ、免震棟に残っていたのは700人あまりとみられている。

午後8時前、テレビ会議では、本店の担当者が退避基準の考え方を示していた。

「今、検討の途中状況を申し上げます。1時間ほど前に退避をすると。その30分前から退避準備をするということを考えています」

本店フェローの高橋が「何の？　炉心溶融の？」と、1時間前とは、何の1時間前なのかを聞いた。

担当者は、高橋の言葉どおり、炉心溶融、つまり2号機のメルトダウン1時間前に退避をする意味だと答えた。

この直後の午後8時すぎだった。

テレビ会議に、福島第一原発からのコールが響いた。

「約5分前からポンプが回って、注水が開始されているそうです」

本店の武藤があわてて確認する。

「吉田さん？　水入ったの？」

吉田がほっとしたような声で答えた。

「水はね、5分前くらいからどうも入り始めた感じです。現場に行った人間もポンプ

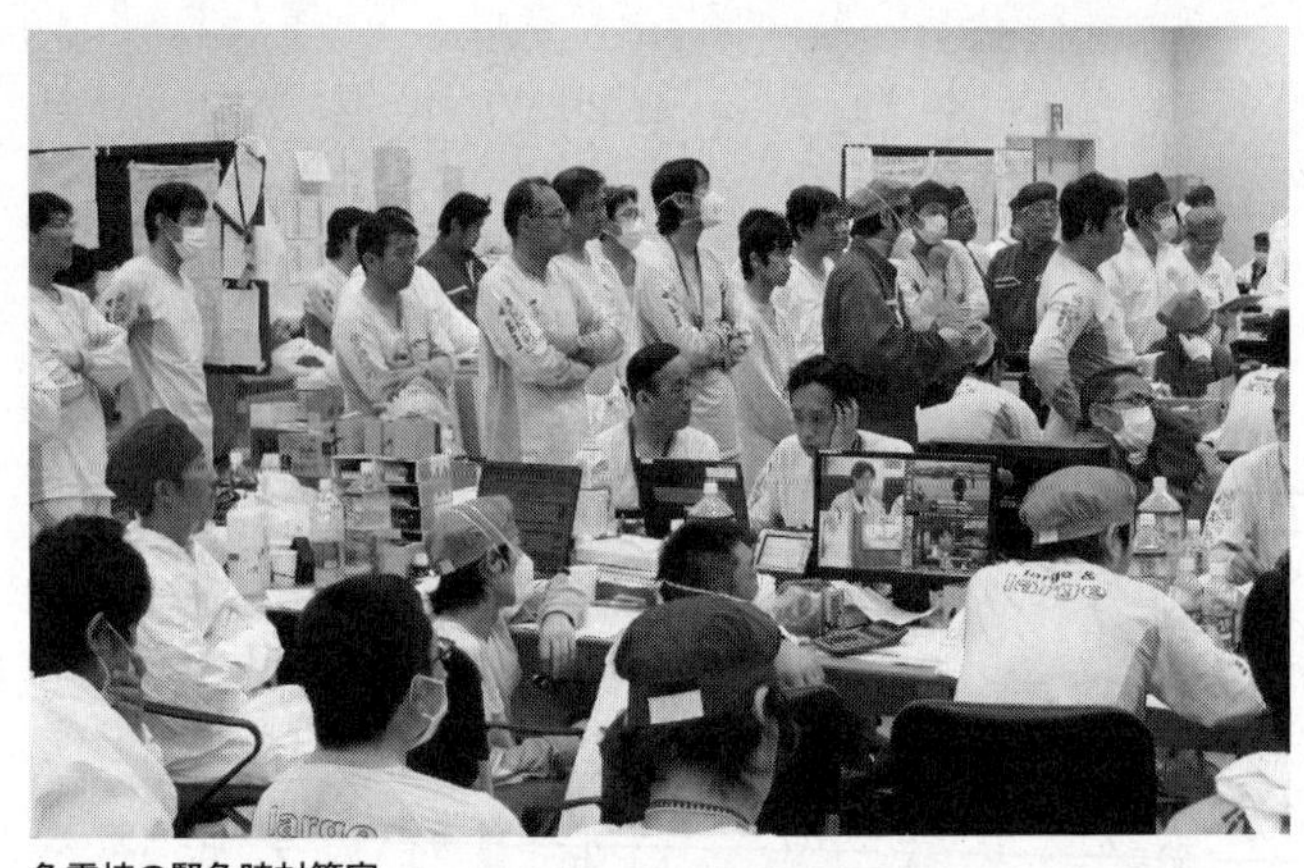

免震棟の緊急時対策室

が回ってると言ってますので。ええ」

消防車の燃料切れが判明した後、およそ30分かけて燃料が補給され、午後7時54分と午後7時57分に相次いで2台の消防車が起動し、注水が開始されたという連絡が現場から入ったのだ。「本当に綱渡りぎりぎりのところだ」吉田はそう思った。

危機が迫るなかで、わずかに光が差したかのようだった。2号機への消防注水が始まったことで原子炉水位が回復すれば、メルトダウンの危機をなんとか食い止められるかもしれない。少なくとも、わずかな時間かもしれないが、危機を先延ばしできるかもしれない。そうした考えが免震棟や本店の幹部の頭をよぎった。しかし、懸命の作業の末にSR弁が開いて、原子炉が急減圧したときに、消防車の燃料切れで水を入れられずに、原子炉を空焚きしてしまったことは、1号機や3号機より原子炉をさらに過酷な状態に追い込んでいる恐れもあった。原子炉の中で核のエネルギーはどのように荒れ狂っているのか。もはや誰にもわからなかった。

一方、テレビ会議では、退避について退避場所の選定や受け入れが引き続き検討されていた。

午後8時15分ごろ、高橋が発言した。

「本店、本部の方、ちょっと聞いていただけますか。今1F（福島第一原発）からですね、いる人たちみんな2F（福島第二原発）のビジターズホールへ避難するんですよね？　ちょっと増田君の意見を聞いてください」

福島第二原発所長の増田尚宏（53歳）が引き取った。

「2Fのほうは、1Fからの避難者のけが人は正門の隣のビジターズホールで全部受け入れます。そしてそれ以外の方は全部体育館に案内します」

増田は福島第一原発用の緊急時対策室も用意すると付け加えた。

「緊対を、我々の2Fの4プラント緊対と、1Fから来た方が使える緊対と、2つに分けて用意しておきますので、そこだけ本店側は、両方の使い分けをしてください」

この後、社長の清水が吉田に呼びかけた。

「あの、現時点でまだ最終避難を決定しているわけではないということをまず確認してください。今しかるべきところと確認作業を進めております」

吉田は「はい」と答えた。

清水が念を押す。「現時点の状況はそういう認識でよろしくお願いします」

吉田は、改めて「はい。わかりました」と答えた。

14日夜、テレビ会議でやりとりされた退避の議論はここまでだった。

## 2号機ベント危機

事故4日目の夜がふけてゆき、2号機の原子炉への注水がひたすら続けられていた。

消防班は、2台の消防車の燃料が切れないように、数時間おきに燃料を補給しながら、原子炉への注水を途切れないようにしていた。

午後11時近くになって2号機の原子炉圧力が突然上昇してきた。午後7時頃から午後9時台にかけて6気圧程度に安定していた原子炉圧力が午後10時50分に18気圧に上がっていた。開いたはずのSR弁が何らかの原因で閉じてしまったようだった。原子炉圧力は午後11時には20気圧に上がった。テレビ会議のやりとりがにわかに緊迫してきた。本店の担当者が声を張り上げて免震棟に呼びかけた。

「とにかく閉まったら大変なことになりますんで、1弁でも多く開けるように」

「わかりました。まずは複数台すぐに開けて……」緊張した声で免震棟の担当者が応じた。

本店の担当者は「ぜひお願いします」と言った後、SR弁が開けなかったらひどい状況になると告げた。免震棟から思わず「ひどいことになるって説明してもらえません？」と質問が飛んだ。

「原子炉圧力が高圧の状態で炉心損傷すると」本店の担当者が説明を続けた。「ほんの数時間で格納容器破損までいきます」テレビ会議が一瞬沈黙した。聞いていた誰もが身震いするような答えだった。午後11時25分、2号機の原子炉圧力は31気圧まで上がった。なんとしてもSR弁を開かなければならない。この頃、復旧班は格納容器の中にあるアキュムレーターと呼ばれる窒素タンクから高圧の窒素を供給してSR弁を開こうとしていた。SR弁は8つある。中央制御室から弁が開かないと報告が来ると、免震棟は操作すべき次の弁を指示した。しかし、変えても変えてもSR弁は開こうとしなかった。追い詰められた免震棟の復旧班は、アキュムレーターの種類を変えることを議論していた。アキュムレーターには、通常のものとＡＤＳと呼ばれる自動減圧装置用があった。ＡＤＳのほうが窒素の容量も多く、圧力も高かった。ＡＤＳを優先して窒素を供給すべきではないか。一方、中央制御室でも、免震棟の指示を待つことなく、ＡＤＳでの窒素供給に踏み込もうとしていた。とにかくやれることはなんでもやる。現場にいる自分たちの判断を信じるしかなかった。午後11時30分。原子炉圧力が下降に転じた。19気圧。午後11時40分には11気圧まで下がった。土壇場になってアキュムレーターの種類を変えたのが功を奏したのか。ＳＲ弁が開いた正確な理由は誰にもわからなかった。しかし、圧力は下がり続けた。中央制御室と免震棟につかの間の安堵の空気が流れた。ＳＲ弁の危機はなんとか乗り越えたようだった。

しかし、もう一つの危機が吉田を苦しめていた。２号機の格納容器のベントが何度やってもできないことだった。

復旧班は、１号機でベント弁をこじ開けたように、２号機のタービン建屋の搬入口付近に配備した可搬式のコンプレッサーで圧縮空気を遠隔操作で送り込み、ＡＯ弁と呼ばれる空気作動弁を開けようと何度も試みていた。しかし、弁は一向に動かず、ベントはできずじまいだった。なぜ、ベント弁が開かないのか、吉田をはじめ免震棟の誰にもその理由はわからなかった。

ベントができないため格納容器の圧力は、どんどん上がっていった。午後11時には、通常の6倍にあたる6気圧程度まで上昇してきた。このままでは、格納容器が破壊されてしまう。吉田らは、ベントラインにある空気作動弁のうち小弁と呼ばれる予備の弁を開けることにした。空気作動弁の小弁は、コンプレッサーで圧縮空気を送り込むことによって、1号機と3号機で開いた実績があったからだった。これで何とか開いてほしい。一刻の猶予も許されない。

最大の難関に四苦八苦していた吉田を悩ませたのが、すでに退職していた原子力本部のOB幹部の存在だった。この頃になると、本店の緊急時対策室には、当初応援を求めたフェローに加えて顧問などに就任していたOB幹部が陣取り、本店の指揮系統トップであるはずの武藤や小森を差し置いて、テレビ会議でさかんに意見を言ってきた。これまた、テレビ会議特有の弊害だった。テレビ会議は、関係者が幅広く参加できるメリットがある一方で、現場の詳細を知らない関係者でもその気になれば、現場に直接意見を具申できた。これが、現場にとってみると、無駄としか言えない時間となり、疲弊する結果になっていた。

午後11時半すぎ。顧問に就任していたかつての幹部が「おい、吉田」と先輩風を吹かせて、テレビ会議に割り込んできた。

「格納容器ベントできるんだったら、もうすぐやれ。早く」吉田が辟易（へきえき）した声で「はい」と答えると、「余計なこと考えるな。こっちで全部責任取るから！」と吐き捨てるように怒鳴った。

「やっているよ。ばかやろう！」吉田は心のうちで怒鳴り返していた。現場の詳細を何一つ知らないくせにOBたちが後ろで喚き散らしていることを、「ああだこうだとうるさい」と思っていた。

3分も経たないうちに、今度は別のOBが叫んだ。「格納容器ぶっ壊したらまずいからさあ。早く格納容器ベントの小弁だけでも開けてくれよ」

なんとか怒りをおさえた吉田が「はい。はい。指示しています」とかわしたところに、フェローの高橋が「小弁開いても、もう一弁あるからさあ。そっちは開いているのかい？」と聞いてきた。

ついに堪えきれなくなった吉田が大声で怒鳴った。「色々聞かないでください。格納容器ベント今開ける操作してますんで、ディスターブ（邪魔）しないでください！」

さすがにこの後は、OB幹部の発話は少なくなった。

しかし、この後もベント弁は、まったく開く気配がなかった。日付が変わった15日午前0時すぎ、格納容器圧力は、7・4気圧まで上昇した。

格納容器圧力の異常上昇は、原子炉の燃料が溶け出して、放射性物質を含む高温高圧の蒸気が格納容器にさかんに漏れ出ていることを意味した。その蒸気をベントによって外部に放出しなければ、格納容器が破壊されるという最悪の結果を招くことになる。

免震棟では、原子炉圧力と格納容器圧力をコールする声だけが響いていた。数値を伝えるコールが途切れると、免震棟にも本店にも、情報らしい情報がなくなるため、コールを担当する技術班の解析担当者は定期的に数値を読み上げるしかなかった。

もはや作業らしい作業もなく、誰もが、そのコールを聞くくらいしかやることがなくなっていた。「まるで絶望に向かってコールしているようだ」解析担当者は、そう思った。

午前1時すぎ、コールが告げる原子炉圧力は6・3気圧まで下がっていた。一方、格納容器圧力は、7・3気圧と高止まりしたままだった。そして奇妙なことに、格納容器の下部にあるサプチャンの圧力は3気圧と異常に低かった。通常だと、サプチャンの圧力は、上部にある格納容器の圧力と同じか、わずかに高くなるはずだった。ところが、14日午後10時頃から、格納容器の圧力が上昇するのに対して、サプチャンの圧力は下がり始め、その差がどんどん大きくなっていった。誰も見たことのない現象だった。一体何が起きているのだろうか。吉田には全くわからなかった。この不可思議な現象については、テレビ会議でも何人かが疑問を口にしたが、誰も説明できなかった。何かが壊れているのか。あるいは、圧力の値そのものが違っているのか。吉田の頭には、もはや確信めいたものが何一つなくなりつつあった。

やがて東の空が白み始め、事故から5日目の朝を迎えようとしていた。

この頃、東京では、社長の清水が海江田らにかけた電話を発端に大きな騒動が起きていた。東京電力の全面撤退問題である。

## 総理官邸　東電撤退問題

霞が関の総理官邸は、まだ夜のとばりに包まれていた。午前3時頃。防災服を着て総理執務室の奥のソファーで仮眠をしていた菅を秘書官が起こしに来た。

「経済産業大臣からお話があるということです」

菅が執務室に行くと、経産大臣の海江田以外にも、官房長官の枝野や官房副長官の福山らが待っていた。海江田が東京電力の清水社長から福島第一原発から撤退したいという電話がかかってきていると報告した。枝野も同じような電話があったと話した。「どうしましょうか」とみなが尋ねてきた。そんなことはあり得ない。菅は即座にそう思った。

14日夜から15日未明にかけて清水は、海江田や枝野、それに原子力安全・保安院院長の寺坂に電話をかけ「プラントが厳しい状況で、今後、ますます事態が厳しくなる場合は、退避も考えている」と話していた。これを海江田や枝野らは、東京電力が福島第一原発から全員撤退すると考えていると受け止めたのである。

福島第一原発からの撤退意向を海江田経産相や枝野官房長官らに打診したと受けとめられていたが、菅総理にはあっさりと否定した清水東京電力社長

一方、清水は、後の東京電力の調査に対して、「プラントが厳しい状況にあるため、作業に直接関係のない社員を一時的に退避させることについて検討したい」と言ったのであって、「全員撤退と言ってない」と話している。ただ、東京電力も清水が「一部の社員を残す」ということを明確な言葉で伝えたかどうかは明確でないとしている。

菅は、海江田らに「撤退などしたら1号、2号、3号どうするんだ。燃料プールだってある。そのまま放置したら東日本全体がやられる。厳しいがやってもらうほかない」と強い調子で言った。

「清水を官邸に呼んでほしい」菅はそう指示を出した。

午前4時を回った頃、清水が総理執務室に入ってきた。

「どうなんですか。東電は撤退するんですか」菅が切り出した。

「そんなことは考えていません」

清水は、特段躊躇らしいものを感じさせず、そう答えた。固唾(かたず)を飲んで見守っていた総理執務室の何人かが、清水の言葉に、一瞬、拍子抜けしたような顔を見せた。執務室に緊張と当惑が入り混じった不思議な空気が流れた。若干の間があった後、菅が清水に告げた。

「情報がうまく共有できないから、政府と東京電力が一体となって対策本部を作ったほうがいいと思う」少し前から考えていた事故対策統合本部の提案だった。

この提案についても、清水は、躊躇らしいものを感じさせず、すぐに了承した。

続けざまに菅は、総理補佐官の細野を東京電力に常駐させたいと話し、準備のためにすぐにでも本店に行きたいと言った。これには、2時間待ってほしいとさすがに清

3月15日午前5時30分、内幸町にある東電本店に乗り込む菅直人総理

水が抵抗したが、菅は「そんなに待てない」と言って、１時間後に行く約束となった。準備にわずかしかないと見た清水は、午前４時40分すぎに官邸を後にした。

午前５時半すぎ、菅は、海江田や福山らとともに、内幸町の東電本店に乗り込んだ。２階の緊急時対策室では、会長の勝俣や社長の清水以下、本店の幹部や社員などおよそ２００人が夜を徹して膠着状態にある２号機の対応にあたっていた。対策室に入った瞬間、テレビ会議の大型ディスプレイが目に飛び込んできた。２３０キロ先の免震棟の円卓が映し出されているのを見て、菅や福山は驚いていた。

こんなものがあったのか。菅は思った。免震棟とリアルタイムで情報を交換していたならば、なぜ、官邸への情報があんなに遅れるのか。ふつふつと疑問が頭をもたげてきた。

東京電力本店に乗り込み、東電幹部を前に演説をする菅総理大臣（画面上段中央）

先に対策室入りしていた細野に続いて、菅らが到着したことで、東京電力と政府の事故対策統合本部を立ち上げる第一回目の会合が開かれる形になった。事務局長に就任した細野が司会役となり「総理から一言」と菅にマイクが手渡された。

２００人の本店社員が見つめる中、菅がマイクをとり、「事故対策統合本部を立ち上げる」と声を張り上げた。本部長は菅。副本部長を海江田と清水が務めると告げた。本店でも免震棟でも東電社員は、２号機の危機対応が続いている中で、総理がわざわざ出向いてきて、何が始まるのだろうかと息を潜めて見守っていた。菅が話し始めた。

「大変なことはわかる。しかし、ここは何としても踏ん張ってほしい」

菅の口調は、次第に熱を帯びてきた。

「逃げても逃げきれない。情報伝達が遅いし不正確だ。しかも間違っている。必要な情報を上げてくれ」

話を聞いていた東電社員は、激励されるのかと思っていたら、叱責されているのかと気づき、予想外の展開に、どう受け止めていいのか困惑していた。

菅の言いぶりは、時間が経つに連れて、厳しさを増していった。

「被害が甚大だ。このままでは日本は滅亡する。撤退などあり得ない。命をかけてくれ。60代になる幹部は、現地に行って死んだっていいんだ。俺も行く。社長、会長も覚悟を決めてくれ。撤退すると東京電力は100パーセントつぶれる」

演説は10分にわたって続いた。一部始終がテレビ会議を通して、免震棟にも流れていた。まる4日にわたって不眠不休で事故対応にあたっていた者は、激しい身振り手振りの末、最後には100パーセントつぶれると言われ、一様に違和感を覚えていた。脱力感を覚える者もいた。どっと疲れが出てきた。「何を言ってるのか」吉田はかなり気分を害していた。現場はまったく逃げてない。憤りでいっぱいになった。

## 運命の瞬間

菅の演説が終わった直後の午前6時10分ごろ。電源喪失から86時間30分あまりが経ったときだった。福島第一原発の1、2号機の中央制御室は、「ぼーん」という異音とともに下から突き上げられるような異様な衝撃に襲われた。計器盤を監視していた運転員の一人が叫んだ。

「サプチャンが落ちた」

「ドライウェル、サプチャン、圧力確認」

「了解」

「圧力は！」

「サプチャン、圧力がゼロになりました」

サプチャンの圧力計がゼロを示していた。格納容器圧力に比べて、3気圧と奇妙に低かった値が、今度は唐突にゼロになってしまったのである。

免震棟でも何人かが、衝撃音とともに鈍い縦揺れを感じた。

その瞬間、解析担当者は思った。

「ついに2号機の格納容器が壊れた」

異変を感じた者はいずれも2号機が爆発したと思った。膨大な放射性物質が一気に漏れ始めると感じた。菅の演説後、一瞬の静寂の中にあった免震棟が、再び大きな混乱と喧噪の渦に包まれた。

廊下に寝ていた社員の一人は、これまでとは違う重い振動を感じ、飛び起きた。2号機に何事かが起きたと思った。周りに寝ている同僚をたたき起こして「2号機がやばそうだから退避する用意をしろ」と呼びかけた。

２号機原子炉建屋から上がる白煙。２号機は爆発は免れたものの、大量の放射性物質を放出したといわれている（©NHK）

発電班から異音とともにサプチャンの圧力計がゼロを示したという報告を受けた吉田は、2号機の格納容器で何らかの爆発が起き、サプチャンの圧力計がゼロを示したものと考えた。

吉田の近くにいた稲垣は、反射的に周りに「壁から離れろ！」と怒鳴っていた。外部と接している壁の近くは放射線量が高まり、被ばくを避けるために離れたほうがいいと思ったからだった。

吉田は、自分を含めた幹部のほかプラントの監視や応急の復旧作業に必要な社員およそ70人を残して、免震棟にいたおよそ650人については、福島第二原発に退避させることを決めた。午前7時ごろ、650人にバスや乗用車で退避するよう指示が出た。

「退避！　退避しろ！」

円卓にいた吉田以下、幹部が大声で叫んでいる。

大勢の人間が免震棟の出口へと急いだ。解析担当者は退避することになった。福島第二原発に向かうバスに乗りながら、「最悪の事態が起きたのかもしれない」と思っていた。

「格納容器が本当にディープなんていうレベルでなく、壊れてしまって、そこらじゅうに放射性物質がまき散らされていて、自分たちも死ぬのかもしれない」そう思った。しかし、移動するバスの中で緊張の糸が切れたようにぷっつりと意識が途切れ、その後のことは記憶にない。

稲垣は免震棟に残った。周りにいる吉田やユニット所長の福良ら見慣れた幹部たちの顔を見回しながらも「ああこれはもう時間の問題だ。死ぬな」と思っていた。人口密度が10分の1ほどに減り、がらんとした免震棟で、残った人々は奇妙な思いにとらわれた。何もしないと不安なのだ。

稲垣と一緒に免震棟に残った復旧班の副班長の一人は、吉田に言われてホワイトボードに、残ったメンバーの名前を一人ずつ書くことになった。これが墓標になるのではないかと思えてならなかった。ボードの一番上に所長の吉田の名前を書いた後、次に自分の名前を書こうとしたら、どうしたことか自分の名前なのに、名字の漢字がどうしても頭に浮かんでこなかった。不眠不休で疲弊し、不安のなかで極度に緊張しているせいなのか。自分でもあっけにとられたが、ついにあきらめて、カタカナで自分の名前を書き込んだ。

第二発電班長が、どこから見つけてきたのか食料を集めてもってきた。牛肉の大和煮や魚の缶詰、乾パン、ペットボトルの水もあった。免震棟の人が減ったので、当面、食料の節約も気にすることはなかった。免震棟に残ったメンバーは、まずは大和煮やサンマの缶詰を開けて、ほおばった。見知った仲間の顔を見ながら食事をしていると、ようやく緊張と不安の入り混じった気持ちがほぐれてきて、なんだか自然と笑みがこぼれてきた。冗談や軽口さえ出てきた。食事が終わると、今度は、一人、また一人と作業を始めるようになった。ある者は、消防車の給油の準備を始めた。また、ある者は空気コンプレッサーの点検に向かった。そのたびに、吉田が「おういってこい」「おういってこい」と声をかけていた。みな淡々と作業を始めた。

## 早朝の衝撃音の真相

午前8時すぎ、覚悟を決めて免震棟に残った吉田とごく少数の幹部に思わぬ報告が飛び込んできた。4号機の原子炉建屋が、最上階の5階から4階にかけて壁がズタズタに崩れ、鉄骨の骨組みがむき出しになっているというものだった。3、4号機の中央制御室にいた運転員が免震棟に避難してきて、一部始終を発電班に語っていた。4号機の周りは、うずたかく瓦礫が降り積もっている状態だという。窓もなく外界から遮断されたような免震棟の中にいた吉田らは、この時初めて4号機の異変を知ったのである。

さらに運転員は、4号機周辺で、午前6時14分に、大きな衝撃音と激しい縦揺れを感じたと話していた。運転員は、瓦礫に阻まれ車で移動できず、全面マスクに防護服というフル装備で免震棟までの1キロの道を歩いてきたため、発生から2時間あまりたっての報告になってしまったというのである。吉田は、幹部と顔を見合わせた。これは4号機が水素爆発したということなのか。

原子炉建屋の壊れ方や激しい縦揺れを伴う衝撃音は、1号機や3号機の水素爆発の際に経験したことと酷似していた。どうやら4号機が水素爆発したとしか考えられなかった。すると、午前6時すぎの衝撃音は、4号機の爆発音だったのだろうか。この報告の少し前、「ぼーん」という異音があった午前6時10分から1時間以上経った午前7時20分頃になっても、2号機の格納容器の圧力は、7・3気圧と高止まりのままだということも確認していた。

午前9時、原発の正門付近で、事故後最も高い1時間あたり11・93ミリシーベルトの放射線量を計測した。一般の人が1年間に浴びて差しつかえないとされる1ミリシーベルトにわずか6分ほどで達する高い値だった。午前9時20分には、2号機の原子炉建屋から白い煙がもくもくと上昇し、上空へと流れているのが確認された。放射線量がさらに上昇するのではないか。しかし、心配された正門付近の放射線量は、時間を追うごとに下降していった。ここに至って、吉田は、午前6時すぎの衝撃音は、4号機の爆発によるもので、2号機の格納容器圧力が、依然高いことから、2号機の格納容器が決定的に破壊されているわけではないと判断した。

午前11時25分、2号機の格納容器の圧力を計測したところ、いつの間にか1・55気圧に下がっていた。午前7時20分の7・3気圧から6気圧近い大幅な下降だった。この間に、格納容器に何があったのか。2号機の格納容器は、決定的に壊れていないとは言え、何らかの原因で大量の放射性物質が外部に放出されたのは明らかだった。

2号機の格納容器に何が起きたのか。吉田にも本店の誰にもわからなかった。格納容器が決定的に壊れなかったのは、最終局面で何とか原子炉を減圧し、消防車による注水を夜を徹して続けたことが功を奏したのかもしれなかった。しかし、自分たちの操作が壊れ方を最小限に食い止めたとは、決して言えなかった。さらに、格納容器を減圧させるはずのベントが、2号機だけ、なぜできなかったのかも大きな謎だった。

吉田は、午後に入って、福島第二原発に退避した管理職クラスの社員を順次、免震棟に戻し、作業に復帰させた。免震棟の中は再び人が増え始め、以前のように先の見えない収束作業が再開された。

15日朝から午前中にかけて、2号機から放出された大量の放射性物質は、プルームと呼ばれる放射性物質を含む気体のかたまりとなって、15日正午すぎから夜にかけて風に乗って北西方向へと流れたとみられている。長時間、上空を浮遊していた放射性物質は夜に入って降り始めた雪や雨とともに地表に降り注ぎ、土壌に沈着し、原発から北西方向に広がる浪江町や飯舘村などの広い地域が放射能に汚染された。

## 2号機格納容器の謎

吉田に退避を決断させた、異音とともに2号機のサプチャンの圧力計がゼロを示した現象とは、何だったのだろうか。

事故後、東京電力は、サプチャンの圧力計は、何らかの原因で壊れていたという見解を示している。格納容器圧力の値と乖離し始めた14日午後10時頃から正常な値を示さなくなり、ゼロを示した時点では完全に壊れていたのではないかというのである。実際のサプチャンの圧力は、格納容器圧力とほぼ同じ経過を示していたとみられる。午前6時10分すぎの異音も縦揺れの衝撃も4号機の水素爆発によるものだった。なぜ運転停止中の4号機が水素爆発を起こしたかについては、後に東京電力によって明らかにされていく。

事故から4年経った2015年5月、東京電力は、未解明事項の3回目の検証結果を公表し、2号機のベントはできなかったという見解を明らかにした。ベントができなかったため、14日深夜から15日午前中にかけて、格納容器の圧力は、7気圧以上に上昇した。この時、格納容器上部のフランジと呼ばれる円筒形の繋ぎ目部分や格納容器と配管の接続部分に使われているシリコンゴム製のシール材などが高熱で溶融し、高い圧力にさらされて破損や隙間が生じ、そこから大量の放射性物質が放出されたという見方が出ている。

吉田が最も恐れた格納容器が決定的に壊れるという事態。それが起きなかった要因の一つは、放射能を密閉するはずの格納容器は、高温・高圧にさらされると、容器の繋ぎ目や配管との接続部分が溶けて隙間ができ、放射性物質を漏洩させたためではないかとみられている。しかし、2号機の格納容器が決定的に破壊されなかったのは、それだけで説明できないいくつもの謎が残されている。例えば、7気圧あまりに高まった格納容器圧力が、なぜ15日昼前には、1・5気圧まで下がったのか。この間のメカニズムや放射性物質が格納容器のどこからどのように漏れたのか。その詳細は、事故から10年以上経っても、高い放射線量に阻まれてわかっていない。

さらに、格納容器を守る最後の砦のベントが2号機だけできなかったことにも謎が残されている。1号機や3号機で可搬型のコンプレッサーで圧縮空気を遠隔操作で送り出して、ベントラインの空気作動弁を開ける方法が、なぜ2号機だけ通用しなかったのだろうか。事故後の検証取材で、2号機は、圧縮空気を送り出すために接続した配管が、1号機や3号機と違って70メートル以上の長さがあり、耐震性も最も低いCクラスで設計されていたものだったことが明らかになっている。取材に対して、原発の耐震設計に詳しい専門家は、この配管が地震の影響で一部損傷して、圧縮空気の漏洩が起きた結果、ベントができなかったという可能性は否定できないと話している。配管の詳しい検証調査が待たれるが、これも高い放射線量に阻まれて、謎のままである。

厚い謎のベールに包まれた2号機。実は、そのベールが廃炉作業の中で徐々に見えてきた核燃料デブリの姿から少しずつ剝がれ始めてきている。荒れ狂う核を人間の決死の作業がわずかでも鎮めることができていたかを見極めるためにも謎の解明が求められる（詳細は検証編第11章）。

# 第７章

# 使用済み核燃料の恐怖

白煙を上げる3号機原子炉建屋への放水作業

**東電社員の証言**

（オフサイトセンターから）現場に戻るか、ものすごく悩んだ。そんなとき、5、6号機を担当しているベテランの運転員から、「私は何でもやります。私は発電所に突っ込む覚悟です。何かやらなければいけないことがあれば、遠慮しないで言ってください。最後は運転員の意地を見せたいんだ」と言われた　東京電力報告書より

## 早朝の衝撃音

免震棟では、テレビ会議の大型画面に総理大臣の菅の演説が映し出されていた3月15日午前6時前後。全面マスクをかぶり、防護服に身を包んだ3人の運転員が車に乗って、3、4号機のサービス建屋に向かっていた。サービス建屋の2階には3、4号機の中央制御室があった。3人の運転員は、これまで徹夜で中央制御室で作業にあたっていた運転員と交代するために免震棟から派遣された運転員だった。

3人がサービス建屋に入った直後、午前6時14分だった。全面マスク越しにもわかる大きな衝撃音が聞こえた。激しい縦揺れとともに、背中に風圧のような強い力を感じた。

3人は急いで階段をあがり、2階の中央制御室に入った。中央制御室にいた3人の運転員も大きな衝撃音を聞いていた。

すぐに免震棟から中央制御室に連絡が入った。6人の運転員全員、いったん免震棟に退避せよという指示だった。6人は一団になってサービス建屋から外に出た。

サービス建屋の入り口を開いたときだった。運転員の誰もが、目の前に広がる光景に思わず息をのんだ。あたり一面に、瓦礫とコンクリートの破片が山積みになってい

爆発後の福島第一原発4号機海側

東電社員の証言：サービス建屋に入ったらうしろで衝撃があった。音はよく覚えてない。風圧みたいな感じだった。で、中央制御室に行って話を聞いた。車に6名全員乗って帰ろうとしたが、瓦礫の山だった。集中RW（廃棄物処理建屋）側を通って帰ったらどんどん進めなくなりひどい状態だった。そのとき、4号がやられているのを見た。瓦礫で進めないので、4号原子炉建屋の山側から車を乗り捨てて走って逃げた。車を置きっぱなしで、もう走れないので、7番ゲートから出た
東京電力報告書より

爆発後の福島第一原発4号機原子炉建屋上部

爆発後の福島第一原発4号機原子炉建屋

相次ぐ水素爆発で無残な姿をさらす原子炉建屋。手前は3号機原子炉建屋、奥は4号機原子炉建屋

た。サービス建屋に入る前の光景と一変していた。

「どこから瓦礫が飛んできたのか」

6人が車に乗って、免震棟に戻ろうと車を動かしたときだった。それまで建屋に遮られて見えなかったサービス建屋から南西およそ50メートルに位置する4号機の原子炉建屋が目に飛び込んできた。4号機の原子炉建屋は最上階の5階から4階にかけて壁が崩れ鉄骨の骨組みがむき出しになっていた。

「4号機がやられた」運転員全員がそう思った。

原子炉建屋上層部の壊れ方は、程度の差こそあれ、水素爆発を起こした1号機や3号機の壊れ方によく似ていた。激し

全面マスクに防護服というフル装備を強いられただけでなく、相次ぐ爆発で散乱した放射線量の高い瓦礫に阻まれて、原発所内の運転員の移動は困難を極めた。写真は1号機付近に散乱した放射線量の高い瓦礫

い縦揺れを伴う衝撃音も1号機や3号機の水素爆発の際に感じたものを彷彿させた。おそらく4号機も水素爆発をしたのだろう。とにかく、免震棟に退避して、この事実を伝えなければならない。しかし、運転員たちは無線やPHSといった通信機器を持っていなかった。伝えるためには、免震棟に戻って、自分たちの口で説明しなければならない。急いで戻らなければならなかった。

ところが、車が免震棟に向けて進み始めた途端、道路にうずたかく降り積もった瓦礫に阻まれ、それ以上動けなくなってしまった。6人は、やむなく車を乗り捨て、徒歩で免震棟に向かうことにした。4号機から免震棟までは、およそ1

キロある。大人の足では、歩いて15分ほどの距離だったが、全面マスクに防護服というフル装備のため、6人は思うように歩けなかった。

免震棟が近づくにつれ、何台ものバスや車とすれ違った。免震棟から退避しているのか。何が起きているのだろう。免震棟に到着したときは、すでに午前8時をまわっていた。午前6時14分の衝撃音からすでに2時間ほど経っていた。

このとき、免震棟では2号機の格納容器に何らかの爆発が起きたと判断し、1時間ほど前の午前7時30分ごろから、幹部やプラントの監視に必要なおよそ70人を残して、およそ650人の社員が福島第二原発に向けてバスや車で退避していた。

6人は、免震棟の発電班の幹部らに、午前6時すぎの激しい縦揺れと衝撃音を確認したことや4号機の最上階が大きく壊れ、あたり一面に瓦礫が積もっている様子を詳しく報告した。

吉田以下、免震棟の幹部は、この時点で、初めて午前6時14分の衝撃音は、4号機の爆発音だった可能性に考えが至ったのである。

運転していなかった4号機の水素爆発。吉田ら免震棟の幹部も本店も、原子炉建屋5階にある燃料プールに保管されている使用済み核燃料の溶融が原因で4号機が爆発した可能性があると考えた。そして、この後、東京電力のみならず日本中が、使用済み核燃料が保管された燃料プールの危機に翻弄されていくのである。

## 使用済み核燃料の恐怖

15日午前9時すぎ、東京・内幸町の東京本店では、事故対策統合本部の会議が開かれていた。統合本部は、東京電力が全面撤退すると考えた菅らが本店に乗り込んだ際、政府と東京電力の情報共有を密にするため、新たに設置され、テレビ会議で結ばれた免震棟とともに断続的に会議を開いていた。テレビ会議には、新たに政府関係者も加わったことで、参加者はますます増え、様々な質問や意見が交錯していた。

午前中のテレビ会議の最重要課題は、1号機から4号機の燃料プールの水位を確保するため、どうやってヘリコプターや消防車によってプールに放水するかについてだった。とりわけ、水素爆発を起こした4号機は、プールに水があるかどうかもわからないため、最優先で水位を確保しなければならないことが確認された。

燃料プールについては、アメリカも強い危機感を外交ルートや軍事ルートを通じて、日本政府に伝えてきていた。

NRC・アメリカ原子力規制委員会のグレゴリー・ヤツコ委員長（40歳）は、事故翌日の12日にNRCの幹部から、1号機原子炉建屋の上部が壊れ、最上階にある燃料プールがむき出しになっていると報告を受けている。この時点で、ヤツコは委員会の会合で「燃料プールについても考えなくてはいけない」と発言した。

16日にはアメリカ下院の公聴会で、「最悪の事態が起きると1号機から3号機まで3つの原子炉がすべてメルトダウンし、原子炉が破壊される」と述べたうえで、「6つある燃料プールが火災を起こす可能性もある」と指摘している。

さらにこの日の公聴会でヤツコは、「4号機の水は、全部とは言わずともほとんどなくなった可能性がある」と述べ、議員から「3号機もか？」と問われ、「その可能性がある」と答えている。16日の時点でNRCはじめアメリカ側は、4号機のプールが空焚きになっていると強く疑っていたのである。

これは、ヤツコに、東京駐在のNRCスタッフから4号機プールの水が干上がっているという未確認情報が届いていたためとみられている。後に公開された事故直後のNRC内部のやりとりを記録した3200ページにわたる議事録によると、16日午前に東京駐在のNRCスタッフが、「東京電力から4号機の燃料プールに水が残っていないという情報を得た。注水を急ぐべきだ」という報告を本国に伝えている。

1号機、3号機に続いて4号機も水素爆発した。しかし、4号機は、1号機や3号機と違って運転をしていなかった。燃料は、原子炉の中ではなく、すべて燃料プールの中にあった。このためアメリカは、4号機の燃料プールでは、高熱を帯びた燃料によって水が蒸発し、燃料がむき出しになっているのではないかと疑っていた。その結果、燃料を覆う金属と水が化学反応し、大量の水素が発生し、水素爆発を起こしたのではないかと推測していたのである。

この時点では、吉田も4号機の水素爆発は、プールの燃料が加熱されすぎて、水素爆発に至った可能性が高いと考えていた。4号機の燃料プールは、14日午前4時すぎに通常より50℃も高い84℃に達していることが判明し、5人が対策に向かったが、原因不明の高い放射線量に阻まれ免震棟に引き返した。その後何も調べられないまま、4号機は15日午前6時すぎに爆発してしまったのだ。4号機の燃料プールの燃料は、各号機の中で最も多い1535体。吉田は、1年間運転して燃えた最も熱い状態の燃料をすべてプールに入れているので、4号機の燃料プールが一番クリティカルだと考えていた。

もし、プールに水がなく、1535体の燃料がむき出しになっていたら大変なことになる。吉田は、燃料プールについては、「手に負えない」と考えていた。放射線量が高い原子炉建屋に、近づくことができないため、燃料プールを確認することもできない。建屋の中から注水することもできない。「自衛隊の力を借りるなり、なんでもいいから、本店で考えてくれ」それが吉田のオーダーだった。

アメリカは、日本時間の17日未明には、日本に住むアメリカ国民に対して、福島第一原発から半径50マイル、つまり80キロの区域に避難指示を出すことになる。半径80キロとは、日本の避難区域である20キロの4倍にあたる。福島市や郡山市、さらに仙台市南部までが避難区域に入る。80キロの避難区域は、4号機プールへのアメリカの危機感が内外に一段と強く示されたものだった。

使用済み核燃料の危機にどう対応するのか。その問いが、ますます重く東電本店と日本政府、さらに免震棟にのしかかってきていた。

## プロジェクト・ファースト

16日未明から免震棟と結んだ政府と東京電力の統合本部は、断続的に4号機の燃料プールの対策について議論していた。

その議論のさなか、午前5時45分に、4号機の原子炉建屋4階で炎が上がっているのが発見される。前日の15日午前10時前にも建屋3階で原因不明の火災が起きたばかりで、水素爆発を起こした4号機の建屋は至る所に火種が残っているのではないかと不安を増幅させた。火は30分後に自然に消えているのが確認されるが、免震棟は、消火作業や確認作業に追われていた。吉田は、4号機の燃料プールで、燃料が加熱されすぎて破損しているのではないかと疑っていた。なんとか4号機の燃料プールを復旧させなくてはいけない。そう考えていた。

この頃になると、前日の15日早朝に一旦退避していた社員がかなり戻ってきていて、免震棟ではおよそ200人が復旧作業にあたっていた。

4号機燃料プールへの対応が急がれた。しかし、その一方で、東京本店からは、電源復旧作業のために、3号機や4号機の周辺にうずたかく積もっている瓦礫やコンクリートの破片をショベルカーなどで取り除く作業も進めてほしいという指示も来ていた。日が昇り、時間が経つにつれ、テレビ会議で免震棟に求めてくる要望はどんどん増え、作業が錯綜してきた。

午前9時頃、テレビ会議でたまりかねたように吉田が声をあげた。

「すいません。今いろんなミッションが同時に来ているので、もう一度確認させていただきますと、今一番重要なのは、4号機の使用済み燃料プールに水を入れるための警察の消防車を早く4号機の脇に入れて送水する。これが最大目的ということでいいですね」

本店フェローの武黒が答える。

「そのとおりです」

　吉田が重ねて念を押す。

「これをディスターブ（邪魔）するものは、他の作業であっても一時待機してもらうことでよいですね」

　この頃、電源復旧を進めるため、新たな電源車が原発の正門前に到着し、タービン建屋周辺の瓦礫の除去が進めば、すぐにでも作業に入りたいという要望が来ていた。

　武黒が答える。

「お気持ちよくわかりました。優先度は今言ったように、燃料プールへの水の補給です。しかし、同時に、外部電源の確保というのも重要なので、それをディスターブしない限りで優先度2番として電源の確保ということになります」

　吉田は改めて提案した。

「了解しました。それではこれから、4号機の使用済み燃料のところに放水するのをプロジェクト・ファーストと言ってください。一番優先度が高いのでプロジェクト・ファーストと呼んでいただくと理解が進むと思いますので、よろしくお願いします」

　プロジェクト・ファーストと名付けたように、この段階では、まず4号機の燃料プールへの放水が最優先と位置付けられた。しかし、この直後、テレビのニュース映像から3号機の燃料プール周辺から白い煙が出ているのが確認された。水素爆発を起こした3号機の原子炉建屋の最上階5階には燃料プールがあった。今や3号機の原子炉建屋の上部は跡形もないほど激しく崩れ、プールは直接外気にさらされているはずだった。幅12・2メートル、長さ9・9メートル、深さ11・8メートルあるプールには1400トンあまりの水が溜められ、その中に566体の燃料がおさめられている。11日の全電源喪失以来、5日間にわたって冷却が停止しているため、4号機と同じように水温はかなり上昇していると考えられた。にわかに本店は、3号機のプールへの放水を優先する方針に傾いていく。

午前11時頃、テレビ会議で武黒が作業の優先順位を改めて確認した。

「優先順位について再確認します。まず優先順位1が3号プールへの補給。次が4号プールへの補給。次が外部電源。この3つだということを明確にしておきたい」

4号機の危機対応に頭を悩ませていた吉田にも異論はなかった。白い煙が出ているという事実がある限り、まずは3号機の燃料プールへの対応を急がなければならなかった。

しかし、4号機の燃料プールの状況も、まったくわからないままだった。免震棟の技術班が解析した4号機の使用済み核燃料の発熱量は、3号機の4・2倍に上っていた。使用済み核燃料の危機の深刻さは、4号機のほうが明らかに大きかった。免震棟も本店も3号機と4号機の燃料プールのどちらを優先すべきか、明確な判断材料を持たないまま、とりあえず白い煙が上がっている3号機の対応を急いでいるのが実態だった。

午後に入って、総理官邸と打ち合わせを続けてきたフェローの高橋がテレビ会議に割り込んできた。高橋は、「ちょっと情報を共有させていただきます」と免震棟に呼びかけた。

「自衛隊のヘリによる水の投下ということを今相談してきました。首相の了解が得られれば、そういう方向に動くということで、建屋の健全性であるとか、パイロットの健全性について、今ご説明して今了解をいただく努力をしているというところであります」

3号機の燃料プールに自衛隊のヘリコプターによって散水する計画が具体化してきたのだ。高橋は説明を続けた。

「ヘリコプターは、ひとつ5トンくらいの容量の水が運べるんだそうです」

計画は、仙台市にある霞目（かすみのめ）駐屯地に展開していた陸上自衛隊のＣＨ４７ヘリコプターを福島第一原発に向けて飛ばすというものだった。ＣＨ４７ヘリコプターは、直径

18メートルあまりの2つの回転翼を持つ胴体がおよそ16メートルある大型輸送ヘリコプターである。この大型ヘリに5トン程度の水を入れることができる容器をつり下げ、容器を海に投入して水を汲み上げ、その水を3号機の燃料プールに散水する作戦だった。燃料プールの危機に、自衛隊が前面に出て対応にあたることが、初めて示されたのである。

東京本店も免震棟も、ヘリコプターによる散水計画を受け入れる準備作業を急いだ。

午後2時ごろ、武黒が報告した。

「今、防衛省との調整が終わりまして、ヘリコプターが上から水を投入するために飛ぶことが決定いたしました。1機はモニターのため、2機が水を落とすということで、3機編制であります。ターゲットは、まず3号ということでよろしいですね」

「はい。結構です」吉田が答えた。

ただ、ヘリコプターからの散水は、地上で行われている電源復旧作業に大きな支障をきたすとみられた。万一、電源機器に水がかかると、機器が故障し、作業員が感電する恐れがあった。このため、ヘリの散水前後は、長時間にわたって電源復旧作業を中断せざるを得なかった。その調整役は、吉田が担わされることになった。吉田は、面倒なことになったと思っていた。それまでも、本店からの要望で自衛隊や消防庁の車両を受け入れる調整をしてきたが、予定や計画がころころ変わり、その度に作業が中断され、現場の不満が高まっていた。調整は非常に難しく、面倒極まりないものだった。

午後4時前、CH47ヘリコプターが仙台市の霞目駐屯地から離陸した。

吉田は、3、4号機周辺の作業員に退避を指示し、作業員は次々と免震棟に戻り、午後4時43分に退避が完了した。吉田以下、免震棟の誰もが、ヘリコプターによる3号機の燃料プールへの散水を待っていた。午後5時すぎ、吉田の声がテレビ会議に響いた。

「5時2分、ヘリコプターが視界に入りました。2機視界に入りました」

しかし、まもなくテレビ会議に本店の沈んだ声が流れた。

「すいません。大変重要なご報告がありますので、お聞きください。モニタリングの結果、線量が高いので散水は中止という報告がございました」

期待のヘリコプター作戦はあっけなく中止になってしまった。上空を飛行中の自衛隊員が受ける放射線量が、任務中に浴びることを許容されている50ミリシーベルトを超えてしまったというのが中止の理由だった。この間、地上の作業はまったくできなかった。吉田の疲弊感はますます募ってきた。

## 水面が語る連鎖の真相

16日夜に入って、東京・内幸町の本店2階で、経済産業大臣の海江田が、統合本部に集う人々の労をねぎらっていた。

「自衛隊のヘリコプターにつきましても、今日は大変残念な結果でございますが、明朝早朝から同じようなオペレーションをするということを、先程、私は聞きました」

翌日早朝から再び自衛隊のヘリコプターによる散水作戦を展開することになっていた。

この頃、日本政府には、アメリカ側から、様々なルートを通じて、なぜ国家的危機に自衛隊が前面に出て来ないのかという強い不満と不信の声が寄せられていた。16日に中止となった自衛隊のヘリコプターによる散水作戦は、17日には、なんとしても行わなければならなかった。

福島第一原発では、午後5時半ごろから通信機器が突然故障し、免震棟はテレビ会議に参加できなくなっていた。3月11日の地震発生以来システムの上では、ほとんど支障なく続いてきたテレビ会議の初めてのトラブルだった。東京本店は、免震棟に重要な情報だけを衛星電話で伝えていた。

統合本部では、翌日のオペレーションについて断続的に打ち合わせが続いていた。

深夜になって武黒が、その打ち合わせを遮って、重要案件を持ち出した。

「ちょっと待ってください。ヘリコプターでさっき上空を飛んだ人間が写真を撮ってきましたので、班目先生、安全委員の先生方もおられたら、ちょっとこっちに来ていただいて、よく見ていただいて、3号、4号どっちを先にやるかということに関わりますので、専門的な見地からいろいろご議論いただけるようにしたいと思います」

海江田が「班目先生、帰っちゃった。4号館にいる」と答えた。

すでに日付が変わる時間だった。原子力安全委員会委員長の班目は、統合本部が置かれている東京本店を出て、安全委員会がある霞が関の中央合同庁舎4号館に戻っていた。

武黒は、「じゃあ、後でまた見ていただくことにして」と言うと、本題に移った。

3号機と4号機の上空を飛んだ自衛隊ヘリコプターに同乗した社員が、撮影してきた映像を見せながら、3号機と4号機のプールの状態の説明を始めた。

会議の参加者は食い入るように映し出された映像を見つめた。

「まず、こちらが4号機です。4号機も蒸気が出ています」

鉄骨の折れ曲がった4号機の建屋上部から蒸気が上がっている光景が映し出された。

「3号機ですけど、多分おそらく、ここが格納容器のところで、ストップ、ストップ」

社員は、ビデオを止めて、映像を見せながら、3号機は燃料プールだけでなく、格納容器の上部周辺からも蒸気が出ていることを説明した。今度は、上空から4号機を撮影した映像が映し出された。社員は、再びビデオを再生した。

「これから4号機が出てまいります。屋根は完全に御覧の通り、抜けてます。で、ここからなんですけども、はいストップ」

社員は、再びビデオを止めた。

「ここでなんですけど、キラッと光ってですね、これは、おそらく肉眼だと水面に見えるんですけど、一番左の端に燃料交換機が置いてあります。で、この下に光っているところ。これが水面になります」

静止した映像には、確かに、太陽の光がプールの一部に反射し、白く光っているところがあった。プールに水面があることを示す有力な証拠だった。4号機の燃料プールには、水が残っていたのだ。思わず武黒が聞く。

「水面というのは、燃料の頂部より上なの下なの？」

社員が答える。

「燃料の頂部より下だと水面は見えませんので、ウェル満水だと思います」

ウェル満水。燃料プールのすぐ隣に接している原子炉ウェルと呼ばれるプールは満水だという意味だった。従って、隣にあるプールも満水で、燃料は水面のはるか下におさめられているという説明だった。

武黒が、満水という言葉をかみしめるように「ウェル満水」と繰り返した。

撮影した社員は、上空から肉眼で見て、4号機のプールも、そのすぐ隣の原子炉ウェルも十分水に満たされ、燃料は、水の中にあることを確認できたと説明した。自衛隊のパイロットもまったく同じ見解だと語った。

15日早朝に4号機が水素爆発を起こしてから最大の懸案事項が払拭（ふっしょく）された瞬間だった。4号機プールの水位が下がり、燃料がむき出しになっているのでは

ヘリコプターから空撮した福島第一原子力発電所3号機

ないかという疑念が晴れたのである。これ以上ない朗報だった。

4号機の燃料プールが満水だったのは、隣に接している原子炉ウェルから水が流れ込むという僥倖(ぎょうこう)に救われていたことが後の東京電力の調査で明らかになる。

燃料プールと原子炉ウェルの間は、プールゲートと呼ばれる仕切り板によって区切られていたが、プールゲートは原子炉ウェル側の水圧が高くなると、接合部分の隙間が開いて燃料プール側に水が流れ込む構造になっ

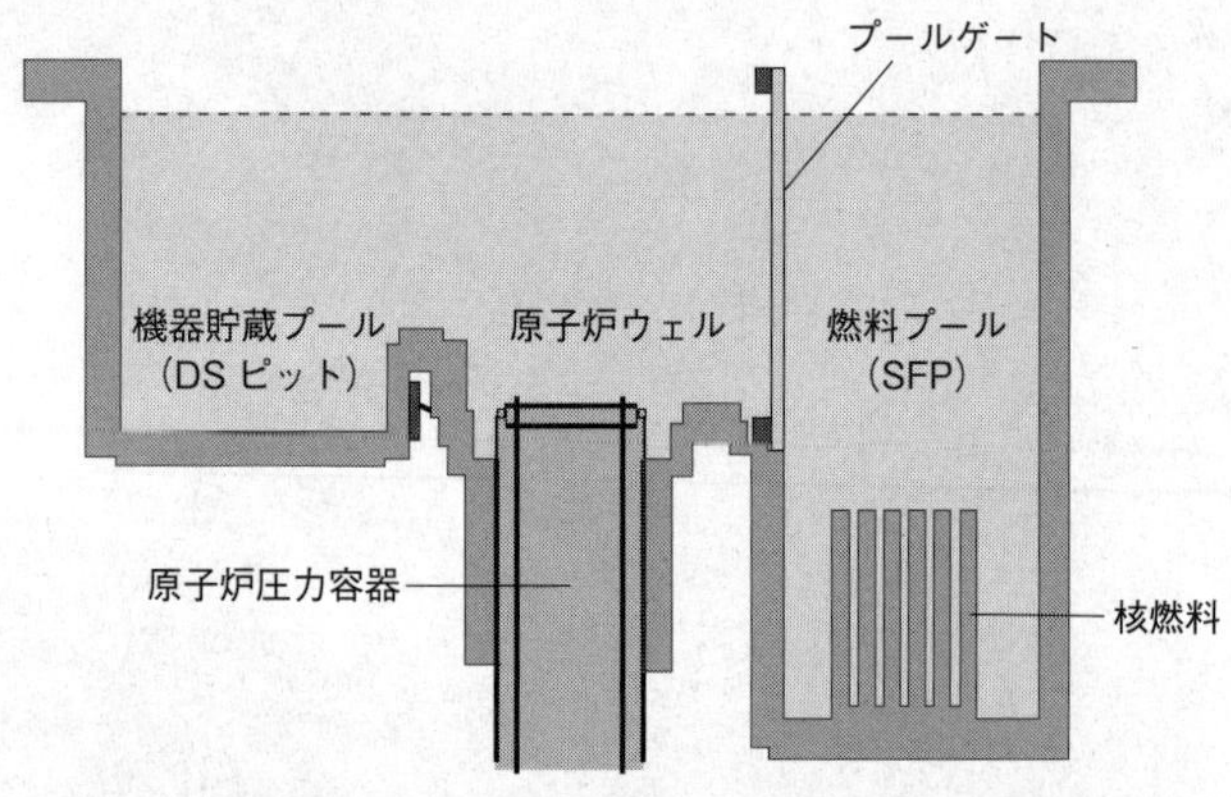


SFPは燃料プール、DSピットとは機器貯蔵プールのこと。4号機の燃料プールは、定期検査のため、普段は空っぽの原子炉ウェルと機器貯蔵プールにも水が満たされており、通常の2倍近い貯水量があった　東京電力報告書より

ていた。

電源を失った燃料プールは水温が異常上昇し、水位が低下していたが、水が減るたびに原子炉ウェル側から水が流れ込み、水位が一定に保たれていたのだ。

定期検査のため、原子炉ウェルとその隣にある機器貯蔵プールには燃料プールとほぼ同じ１４００トンもの水が満たされていた。この１４００トンの水が幸いしたのである。全電源喪失以来５日間にわたって、燃料プールの水温が上昇し続けるのを防ぐ手段がまったくなかったことを考えると、人間による決死の作業ではなく、まさに僥倖としか言いようがない偶然に助けられたのだった。

燃料プールに水があったことを確認し

た武黒は、思わず「なんで水素爆発起こるんだよ」と声をあげた。

撮影した社員も、その疑問に同意し「いや、そうなんですよ、こちらもほら、これも全部、たぶん水面が全部映っています」と応じた。

確かに、プールに水が満たされ、使用済み核燃料が冷やされていたなら、燃料が発

4号機の燃料プールの中の様子

3号機の燃料プールの中の様子

東電社員の証言：3月17日ごろ、誰からか、会社のPHSを使えば、本店を経由し外線通話できると教えられ、ようやく安否確認を始めた（まだ、携帯は繋がらない）。もちろん最初は自宅へ連絡、ようやく避難していた家族と連絡が取れた。涙声の嫁の声を聞く。爆発で死んだと思っていたとのこと。連絡できなかったから無理もなかった　東京電力報告書より

熱し、大量の水素が発生することは考えにくい。そうすると、4号機はなぜ水素爆発したのか。

爆発するほどの大量の水素は、どこから来たのか。新たな疑問がわき上がってきた。

4号機が水素爆発をしたのは、思いもよらない連鎖の結果だった。

後の東京電力の調査で、4号機の水素爆発は、3号機のベント作業の際、配管を通じて逆流してきた水素が4号機の原子炉建屋に溜まっていたことが原因と判明する。3号機の格納容器のベント配管は、排気筒に向かう配管を通して4号機の非常用ガス処理系と呼ばれる排気管に接続していた。非常用ガス処理系の排気管には、電動の弁が設置されていて、通常であれば、外部からの気体の逆流を防ぐようになっている。ところが、電源が失われると、弁は自動的にすべて開く仕組みになっていた。電源喪失の際は気体の逆流を許してしまう構造になっていたのだ。3号機の原子炉がメルトダウンするなかで、燃料から発生する大量の水素は格納容器に漏れ出していた。格納容器をベントするたびに、配管を通じて水素は4号機に逆流し、上へ上へと上り、原子炉建屋上部に充満していったのだ。そして15日午前6時14分、建屋最上階の5階で爆発に至った。

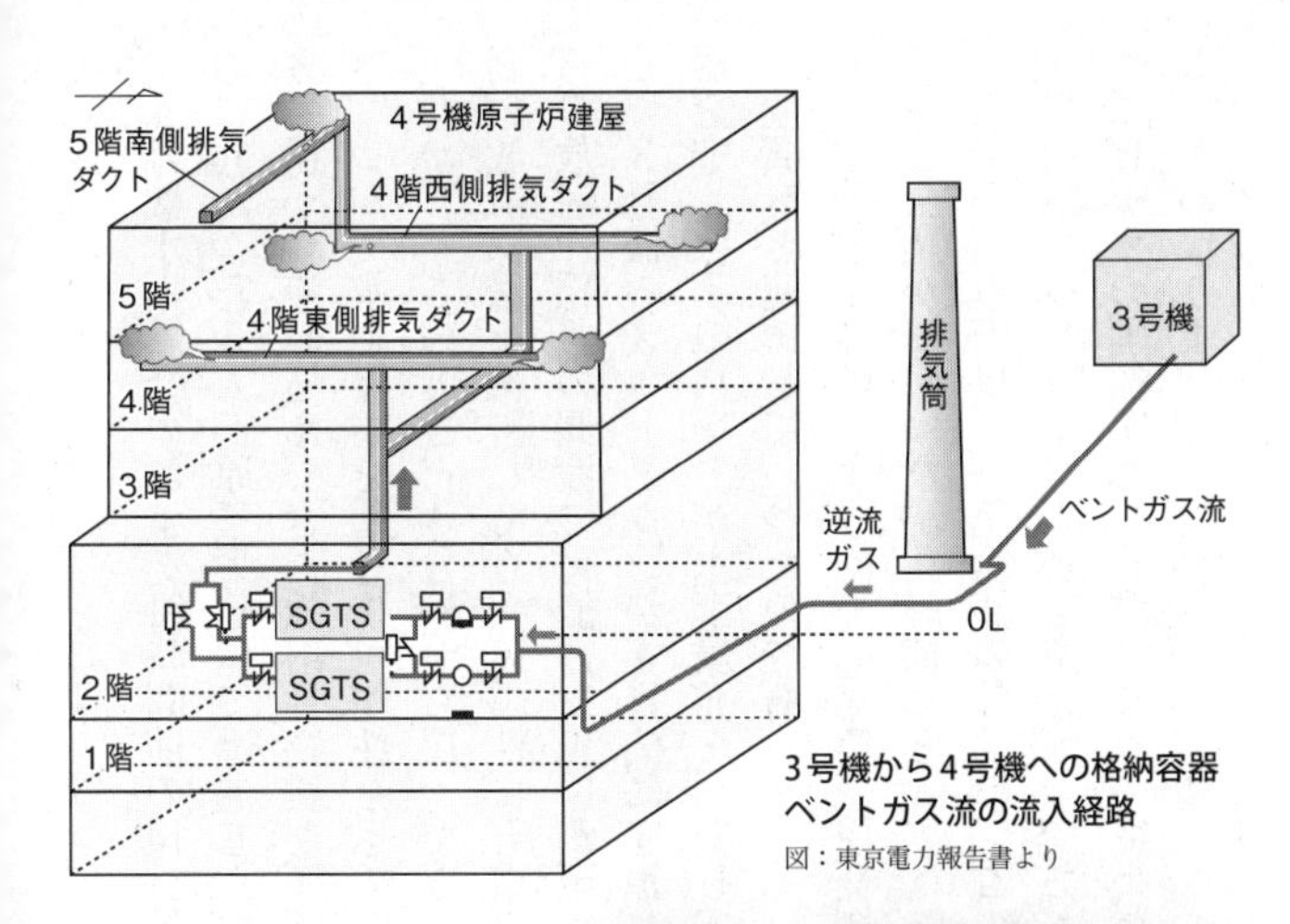


3号機から4号機への格納容器ベントガス流の流入経路

図：東京電力報告書より

3号機の格納容器のベント配管は、排気筒に向かう配管を通して4号機の非常用ガス処理系（SGTS）と呼ばれる排気管に接続していた

図、写真：東京電力報告書より

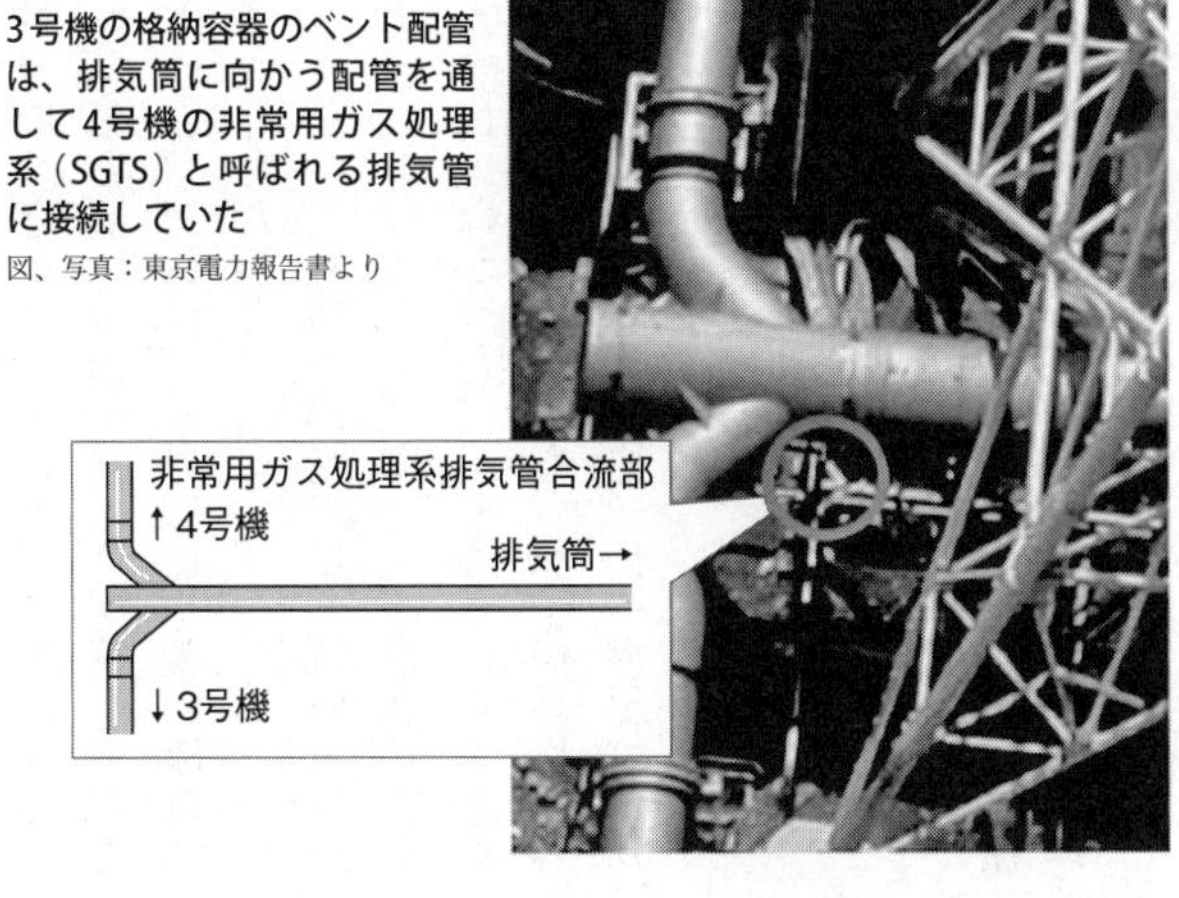

4号機水素爆発のおよそ21時間前の14日午前9時すぎにプールの水温を冷却するために向かった5人が原子炉建屋で遭遇した白い蒸気と高い放射線量は、配管を通じて3号機から流れ込んできた放射性物質が原因だった。それは、4号機に水素が流れ込み、やがて水素爆発を起こす可能性を示す重要な兆しだった。

しかし、このとき、4号機から戻ってきた5人が、4号機の建屋で見た白い蒸気や高い放射線量を報告しても、免震棟にも東京本店にも、メルトダウンが進む3号機からの放射性物質の漏洩の可能性に思いが至った者はいなかった。誰一人気付くことなく、3号機のメルトダウンが4号機に連鎖していたのだ。皮肉にも、原子炉と格納容器を守るはずのベントが水素爆発を誘発し、それが、他の号機の原子炉や燃料プールの危機へと連鎖していったのである。

17日午前1時頃、ようやく福島第一原発の通信機器が復旧し、免震棟と統合本部のテレビ会議が繋がった。免震棟にとっては7時間ぶりのテレビ会議の復活だった。

武黒が、吉田以下、免震棟の幹部に、この間判明した事実を説明し始めた。

「自衛隊のヘリコプターが上空を飛んでモニタリングをしたんですが、そのときに撮ったビデオの画像があります。これで従来わからなかった驚くべき事実かもしれないことがわかりました」

武黒は、ややもったいぶった様子で、「それはですね」と前置きをして、ビッグニュースを伝えた。「どうも4号の燃料プールには水がありそうです」

吉田は、淡々と「はい」とだけ答えた。

4号機のプールに水があることが判明した今、行うべき対応はただ一つだった。免震棟も東京本店も、17日朝から自衛隊のヘリコプターで3号機の燃料プールに散水する計画を確認した。

## ヘリコプター作戦と原子炉注水

3月17日朝、福島第一原発上空には、青空が広がっていた。その晴れ渡った空を飛ぶ自衛隊のCH47ヘリコプターに日本中の注目が集まっていた。

午前8時すぎ、東京・内幸町の東京本店では、統合本部の会合が開かれ、防衛省の担当者が、ヘリコプターによる散水作戦の予定を伝えていた。

「今の予定では9時30分に第1投、その後もう1回、第2投ということで、大型ヘリ2機をもちまして、上からの空中の消火を予定しています。線量の状況によりまして、それは2回以上になる場合もございます」

日米期待のヘリ散水は、午前9時半から開始する予定で、テレビ会議では、その段取りが本店と免震棟との間で一つ一つ確認されていた。

一方、このとき、テレビ会議では、もう一つ重要なテーマが話し合われていた。

前日の16日から3号機の格納容器の圧力が急に上昇したことをきっかけに、3号機の注水量を4分の1程度に絞るよう準備が進められていた。その流れで1号機でも注水量を絞るべきかどうか議論されていたのである。本店は、原子炉に水を入れすぎると、漏れた水が格納容器をいっぱいになるほど満たし、圧力が高まったときにベントができなくなる恐れがあると考えていた。午前8時45分すぎテレビ会議で「安全屋」と呼ばれる技術担当者が本店の見解を述べた。

「給水量についてかなり初期の段階から崩壊熱相当を入れれば、必要容量としては十分であるということで、かなりやってきてます」原子炉を冷却するのにすでに十分な水を注いできたと指摘し、こう述べた。

「現在はちょっと多めに入っているので、これを絞っていくという方向が必要だというふうに思っております」

水は格納容器に十分溜まっているので、今後はベントに備え、格納容器に一定の空間の隙間を作るためにも注水を絞るべきだと主張したのである。ところが、テレビ会議で思わぬ方向から反対意見が発せられた。柏崎刈羽原発の所長の横村忠幸（よこむらただゆき）（54歳）

爆発で瓦礫の山となった４号機原子炉建屋４階フロア

からだった。テレビ会議は、本店と福島第一原発、第二原発のほか、新潟県の柏崎刈羽原発もずっと議論に参加してきていた。横村は、格納容器の中が水で満たされているという本店の見解を「夢の夢物語」だと厳しい言葉を浴びせた。横村は続けた。

「私は非常に細かくてデリケートなその、水位調整を今の水位計とか今の注水した量がすべて、ドライウェルの中に溜まっているというふうに想定して水位を絞ることには反対です」

震度５弱だった柏崎刈羽原発は、被害がほとんどなかったこともあって、テレビ会議で発話される福島第一原発のデータを記録して独自に分析し、支援に役立てようとしていた。データ分析の結果を踏まえて、横村は、これまでもテレビ会議で、消防注水の水は途中で漏れたり、格納容器内で高温の燃料に熱せられて蒸発したりして、格納容器に溜まっていないのではないかと、疑問を投げかけていた。消防注水については、吉田も13日に3号機の注水が始まって以降、思うように原子炉水位が上がらないことや格納容器の圧力が安定しないことから、配管の途中で漏れている可能性を何度か発言していた。

遠く離れた柏崎刈羽原発が地道に記録してきたデータをもとに、いわばセカンドオピニオン的に本店と異なる意見を提示してきたのは、テレビ会議のもつ思わぬ可能性とも言えた。

原子炉の注水量というデータの分析をめぐって、技術的な見解が大きく異なった場合、どうするのか。重要な局面だった。若干の沈黙の後、本店は、「ご懸念はわかりました」と発言した。そして、ヘリコプターの散水作業の間、一定の時間があるから、本店の安全担当者と検討すると引き取った。横村が「よろしくお願いします」と念を押した。

この直後だった。吉田の声がテレビ会議に響いた。「大丈夫か。退避しているのか。もう9時20分だぞ」吉田が発言したのは、注水量についてではなく、3、4号機の中央制御室の運転員の退避がまだ確認されていなかったことだった。

このとき、ヘリコプターの散水にあわせて、現場全員を無事に退避させるのが、吉田に課せられた任務だった。朝から吉田はその調整に右往左往させられていた。この間、現場の所長であるにもかかわらず、1号機の注水量の増減という事故対応の鍵を握る大切な議論にさえ、ほとんど参加できていなかったのである。

吉田は、午前9時22分に原発構内の全員の退避が完了したと本店に伝えた。

午前9時48分。CH47ヘリコプターが容器で汲み上げた7・5トンの海水を3号機の燃料プールめがけて投下した。

免震棟では、吉田以下、幹部らがテレビの中継を見ながら、散水の様子を固唾を飲んで見守っていた。

1機目が3号機に上空から水を投下した瞬間、免震棟に歓声があがった。

「おーいった。よし。えい。おい、あたったな」

しかし、2機目が水を投下した頃には、落胆の声に変わっていた。

「これか。これだな。かかってねーよ」

はるか上空から7・5トンの海水を3号機のプールに散水しても、ほとんどかかっ

福島第一原発3号機核燃料プール冷却のために散水作業を行う自衛隊ヘリコプター（©NHK）

ていないことが中継のテレビ映像に、はっきり映し出されていた。

「あー。3号届いてねーや。なんだよ」

午前10時。4回目の散水を行うヘリコプターが3号機上空に近づいた。

「おっ。来たぞ。4機目だ」

しかし、その直後、免震棟では、ため息とも諦めともつかない声が漏れた。

「ああー。霧吹きやなあ」

まるで霧吹きのように、むなしく海水が飛び散っていった。3号機のプールに届いているとは、とても見えなかった。

15日早朝の4号機の水素爆発以来、日本中を震撼させている使用済み燃料プールの危機を救うはずだったヘリコプターによる散水作戦は、あっけなく終わってしまった。

17日午前9時48分から午前10時1分、自衛隊のヘリコプターは4回にわたってあわせて30トンの海水を3号機の原子炉建屋上部に散水した。

散水後、わずかに蒸気が上がったことが確認されたが、水素爆発によって崩れた屋根などが障害になって、燃料プールには、ほとんど着水しなかったものと推測された。自衛隊のヘリコプターによる散水は、この後、二度と行われなかった。吉田は、後の政府事故調の調査に「蟬の小便みたいだった」と評し、効果がなかったと語っている。

自衛隊のヘリコプターによる散水作戦は、使用済み核燃料がはらむ国家的な有事の危機に、自衛隊が前面に出て、ありとあらゆる手段で取り組むという姿勢を、日本国内のみならず、アメリカをはじめとする全世界に視覚的に訴えるという効果については一定の成果があったと言える。しかし、燃料プールを冷やすという実質的な効果は、ほとんどと言っていいほどなかったのである。

## 原子炉注水削減の帰結

ヘリコプターの散水が終わった後の午後0時すぎ。福島第一原発では、1号機の原子炉への注水を絞ることを決めた。本店と免震棟が検討した結果、柏崎刈羽原発の横村の意見を退け、本店の見解に従った形だった。注水量は、それまでの3分の1程度に減らされた。1号機から3号機まで注水量をすべて下げる措置をとったのである。

夜に入って、午後7時すぎから、警視庁機動隊の高圧放水車が3号機に向けて44トンの放水を実施したが、放水車の水圧が足りず、プールへの着水は限定的とみられた。

翌18日から3号機の燃料プールに向けて、自衛隊の消防車やアメリカ軍の消防車、さらには東京消防庁のハイパーレスキュー隊による放水も実施された。しかし、現場からの報告を聞いて吉田は、効果はほとんどないと考えていた。水は届いていないか、届いてもプールの中に正確に入れることができないのが実態で、やらないよりはましというレベルだと考えていた。

19日午前6時半のことだった。免震棟に思わぬデータが飛び込んできた。3号機の原子炉の温度を測る温度計がようやく復旧し、その値を見たところ、366℃に達していたのである。本店や免震棟は、格納容器に水が満たされ、原子炉の燃料が冷えているため、原子炉温度は、200℃程度だと考えていた。まったくの想定外だった。にわかにこれまで絞ってきた注水量を一転して増やすという方針転換をしなくてはならなかった。さらに翌20日午前3時半、今度は1号機の原子炉温度が判明した。温度は393℃に達していた。3日前、本店の見解に従って格納容器が水に満たされていると判断し、注水量を絞ったことが誤りだったことを突きつけられるデータだった。吉田ら免震棟は、あわてて1号機の注水量を増やす作業に取り組まざるを得なかった。注水量は3倍に増やされ、結局17日に絞る前とほぼ同じ量に戻された。

格納容器が水に満たされているなんていうのは、「夢の夢物語」と断じた柏崎刈羽原発の横村の見解が的を射ていたことを思い知らされる苦い結果だった。それは、現場から遠く離れた第三者でも、あるいは第三者ゆえに冷静で有効な助言がなしえるというテレビ会議がもつ可能性を生かせなかったことも意味した。

ちょうどこの頃だった。使用済み燃料プールへの放水作業のため、中断を余儀なくされ、大幅に遅れていた電源復旧作業が大きく前進しようとしていた。午後3時46分、ついに2号機のタービン建屋のパワーセンターへの受電ができたのである。3月11日の夜に復旧班のベテラン社員の決死の現場確認で、唯一生きていると判明した電源盤に、紆余曲折を経て、ようやく電源を復旧させることができたのである。これによって、中央制御室に電気が通れば、復旧への作業環境はかなり改善されるはずだった。さらに電源が復旧したことは、消防車を使って綱渡りのように行われてきた原子炉への注水についても外部電源を使った給水ポンプで安定して行える道が開けることを意味していた。

22日午後10時43分、3号機の中央制御御室に待ちに待った電気が通り、部屋の中に照明が点灯した。中央制御室に運転員の歓声が響いた。

24日には1号機、26日には2号機の中央制御室にも電気が通り、部屋の灯りが点った。原子炉の注水についても、23日に3号機で外部電源を使った給水ポンプでの原子炉注水の試運転が始まり、1号機と2号機についても外部電源を使った注水に向けた作業が開始された。復旧作業にようやく弾みがついてきた。

心配された1号機の原子炉は、20日に注水量を以前に戻し、23日からは、注水の方法を変えたところ、温度が低下傾向に転じてきた。25日から26日にかけて、1号機から3号機に注入する水を、海水から、原発近くのダムから引き込んだ淡水に切り替えるとともに、3月下旬以降、電源の復旧にあわせて、各号機とも外部電源を使った給水ポンプによる注水に徐々に切り替えていった。

使用済み核燃料プールには、50メートルほどの長いアームがついた大型コンクリートポンプ車によって、離れた場所から大量の水を注入する作業が始まった。吉田は、初めて効果がある方法だと手ごたえを感じていた。コンクリートポンプ車による注水作業は、22日から4号機に、27日からは3号機に対して行われ、使用済み核燃料の危機は、ようやく収束への道筋が見えてきた。1号機から4号機の燃料プールは、その後、燃料プールに通じる配管に消防車を使って注水する方法や電源復旧に伴う代替の冷却装置による冷却開始によって、8月頃には30℃から50℃の安定した温度になっていった。

原子炉冷却については、6月からは、各号機の建屋にたまる汚染水を浄化して再び原子炉に戻す循環注水冷却が始まった。各号機の原子炉の温度も次第に下がり、8月に、まず1号機が100℃以下に、9月には、3号機に続いて2号機も100℃を下回るようになった。

10月には、1号機で原子炉建屋を覆うカバーが完成し、2号機では、格納容器の中の気体を浄化する設備が運転を開始。原発から外に放出される放射性物質の量も事故直後に比べ1300万分の1程度に下がったとして、政府と東京電力は、2011年12月、福島第一原発の原子炉は冷温停止状態に達したと宣言した。

1号機から3号機の原子炉への注水は、全長4キロに上る配管を使った循環システムで不安定ながらも恒常的に行われるようになった。

## 使用済み核燃料のリスク

福島第一原発の事故では、1号機から3号機の原子炉がメルトダウンした後、3月15日早朝の4号機の水素爆発をきっかけに燃料プールの水が干上がり、使用済み核燃料もメルトダウンするのではないかという危機に日本のみならずアメリカも震撼した。

結局、4号機プールは、定期検査中の特殊な状況も幸いして、一定の水位が保たれていたため、使用済み核燃料が空焚きされることはなかった。4号機が水素爆発したのも、プールの水温の異常上昇が原因ではなく、メルトダウンを起こした3号機から逆流してきた水素が原子炉建屋に溜まるという予期せぬ連鎖がもたらしたものだった。

しかし、事故が突きつけたのは、日本の使用済み核燃料の危機対策が無防備極まりないことだった。

4号機の燃料プールの水位が下がると、最悪の場合、どのような事態になるか。その事態は他の号機のプールや原子炉にどのように連鎖して、避難範囲は、どこまで広がるのか。

実は、総理大臣の菅は、3月22日に、非公式に原子力委員会委員長の近藤駿介（68歳）に、最悪の事態を想定したシミュレーションの作成を依頼していた。近藤は「そうしたシミュレーションは、不測の事態が起こらないようにするための検討には必要だ」と述べて、菅の依頼を受け入れた。

近藤は、個人的な作業として、JAEA（日本原子力研究開発機構）やJNES（原子力安全基盤機構）の専門家とともに、3日間ほぼ徹夜でコンピューター解析を続け、シミュレーションを行った。

作業の目的は、福島第一原発では今後新たな事象が起きて不測の事態に至る恐れがないとは言えないとして、不測の事態の概略を示すことにあった。近藤は、シミュレーションに「福島第一原子力発電所の不測事態シナリオの素描」というタイトルをつけて、25日に15枚のパワーポイントにまとめて政府に提出した。

15枚のパワーポイントは非公表の機密扱いの文書となり、官邸内でも閲覧後は回収され、シュレッダーにかけられたという。このシナリオこそ、菅が総理大臣退任後に明らかにされた「最悪シナリオ」だった。

「最悪シナリオ」は、新たな事態の発生にともない、原発内の放射線量が非常に高くなり、作業員全員が退避してすべての作業ができなくなると、事故がどのように連鎖的に悪化していくかを想定していた。

その想定では、もし1号機の原子炉か格納容器が水素爆発して、作業員が全員退避し、すべての作業ができなくなった日を事故初日と仮定すると、事故6日目には、4号機のプールの水位が下がり、使用済み核燃料が露出し、放射性物質の外部への放出が始まると推定されている。

さらに、14日目には、水が完全に干上がって燃料がメルトダウンし、プールの底が抜け、核燃料がコンクリートと反応する。燃料プールは原子炉のように格納容器に覆われていないため、むき出しのプールから直接、大量の放射性物質が放出される。その後、他の号機の燃料もメルトダウンに至る。

「最悪シナリオ」では、福島第一原発の半径170キロ圏内がチェルノブイリ事故の強制移住基準に相当し、半径250キロ圏内が、住民が移住を希望した場合には認めるべき汚染地域になると試算されている。

250キロの移住範囲とは、北は岩手県盛岡市、南は神奈川県横浜市にまでいたる。東京を中心とする首都圏もすっぽりと包まれ、3000万人もの首都圏の住民の退避が必要になることを意味した。これらの避難範囲は時間の経過とともに小さくなるが、自然減衰にのみ任せるならば、半径250キロの範囲が自然放射線レベルに戻るまでには、数十年かかるとされていた。

「最悪シナリオ」は、日本が国家的に破局することに繋がりかねない甚大な被害が出ることを示していた。「最悪シナリオ」について、近藤は、後の取材に対して「最悪の事態を想定するのが目的ではなく、起きうる不測の事態を考え、それを防ぐために検討すべき対策を示すのが目的だった」と答えている。

燃料プールにある使用済み核燃料は、原子炉とは異なり、格納容器のような頑丈な覆いもなく、もしメルトダウンしたら、むき出しのプールから直接大量の放射性物質が放出されることになる。福島第一原発と同じ沸騰水型の原発では、そのプールは、いずれも原子炉建屋の最上階にあり、テロや、航空機など上部からの落下物の対策も到底十分とはいえない。

日本の原発には、2020年時点で全国で1万6000トンあまりの使用済み核燃料が燃料プールに溜まっている。日本は、使用済み核燃料をゴミではなく資源とみなし、処理するまでの間、原発で保管しておくことを原子力政策の基本方針としている。全国の原発で出た使用済み核燃料は、青森県六ヶ所村にある再処理工場に送られ、ここで再処理をして「資源」と再利用できない「核のゴミ」とに分別することになっている。しかし、六ヶ所村の再処理工場は一度も本格稼働していない。核のゴミ

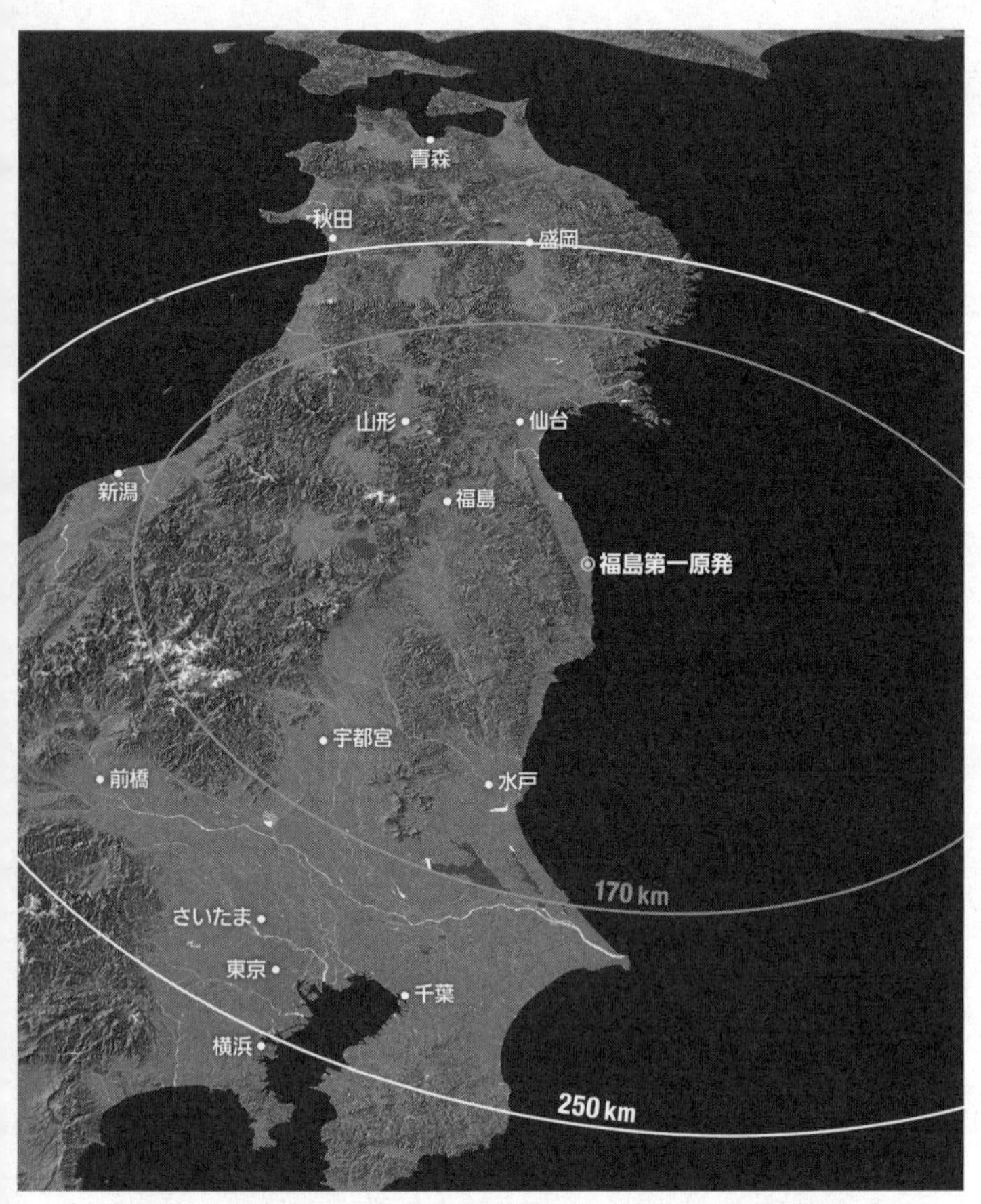


近藤駿介内閣府原子力委員会委員長が作成した「福島第一原子力発電所の不測事態シナリオの素描」で明らかになった、最悪シナリオ発生時における移住を迫られる地域

について、国は深さ３００メートル以上の地下につくる最終処分場に埋める計画である。しかし、最終処分場の候補地については、２０２０年に北海道の寿都町と神恵内村が第一段階の文献調査に手を挙げている状況で、具体的な見通しは立っていない。行き場の見えない大量の使用済み核燃料が熱を帯びながら全国の原発に留め置かれたままなのである。

福島第一原発の半径170キロ圏内がチェルノブイリ事故の強制移住基準に相当すると試算。250キロ圏内を、住民が移住を希望した場合には認めるべき汚染地域とした

金沢
富山
長野
甲府

CG：DAN杉本、カシミール3Dを用いて作製。
高さは2倍に強調している

# 第8章

# 決死への報奨

福島第一原発事故の陣頭指揮をとった吉田昌郎所長は、2011年秋に受診した人間ドックで食道がんが見つかり、同年12月に1年7ヵ月務めた福島第一原発の所長を退任した

## 吉田がこだわった愛読書

事故の収束作業がわずかに落ち着きを見せ始めた2011年4月中旬。吉田は、かねてからつきあいのある原発の修復機器の開発メーカーを、福島第一原発に招いた。この後の作業には、遠隔操作のロボット技術が必要だと考え、この方面に詳しい企業に、まずは現場を視察してもらおうと考えたのである。吉田と親交が深かった社長の小林雅弘（こばやしまさひろ）（63歳）は、東京電力の社員と現場を回り、夕方、免震棟の吉田に引き上げの挨拶をしようと訪ねた。吉田は忙しげに様々な報告を聞きながら「せっかく来たのだから泊まっていってください」と言って聞かなかった。「福島第二原発近くの体育館に作られた宿泊所に一緒に泊まって、いろいろ話をしましょう」と言葉を継いだ。「わざわざ来てくれたのだから、簡単に帰すわけにはいきません」疲れ切っているはずなのに、吉田らしい気遣いだった。

吉田と小林は、一緒に車で福島第二原発近くの体育館に移動し、その片隅で、他の社員と車座になって、コンビニからかき集めたレトルト食品で遅い夕食をとった。食事をしながら、何とはなしに、現場の社員の中には地元福島出身の人も多いという話題になった。自分もそうだという若手の一人が「うちのおじいちゃんが『吉田さん頑張ってください』と言っていました」と笑顔を見せた。吉田は照れたような表情を見せたが、小林は、「本当に好かれているんだな。部下にも地元にも。信頼されているんだな」と心を揺さぶられた。

その夜、体育館2階の会議室でキャンプ用のロールマットを敷いて、吉田と小林は、隣り合って横になった。「所長は、それなりの場所でちゃんと休まないと」と小林は言ったが、これまた吉田は「一緒に寝ましょう」と言って聞かなかった。

眠りにつくまでのわずかの間にも、吉田は、「事故を起こして本当に申し訳ない」と何度か繰り返した。「あのとき、海水をもっと早く入れれば、ここまで行かなかったような気がするのだけれど」としきりに残念がった。誰もが寝静まった深夜だった。何かの気配だろうか。小林がふと目を覚ますと、隣の吉田が、ロールマットの上に正座をしていた。吉田は、何かを祈るように、じっと天井の隅を見つめていた。

翌朝早く、吉田と小林は、車に乗って福島第一原発の免震棟に向かった。事故収束作業の新たな一日が始まろうとしていた。現場トップの一日はきょうも忙しく、場合によっては、また難しい判断を迫られることになるかもしれない。まもなく福島第一原発の構内にさしかかろうとしたときだった。突然、吉田が口を開いた。「ちょっと家に寄ってくれませんか」すぐ近くに所長官舎があった。事故後、一度も戻っていないということだった。「ちょっと待っていてください。持ち出すものがあるから」車を停めると、吉田は、小走りで家の中に入っていった。5分程経った頃だろうか。家から出てきた吉田を見て、小林は、あっと言葉を失った。戻ってくる吉田の胸には、十数冊もの単行本と数珠が愛おしむように抱き抱えられていたのだ。

本はすべて『正法眼蔵（しょうぼうげんぞう）』全集だった。鎌倉時代の仏教者・道元が自己を探求しながら死の直前まで生と死の真相について書き連ねてきた全87巻ある書物である。難解をもって知られるこの書物を吉田が愛読していたことを、小林は思い出した。不意に、小林の脳裏に「覚悟」という言葉がよぎり、しばらくの間、その言葉を頭から消し去ることができなかった。

車は、再び免震棟に向けて走り始めた。吉田と小林は、何事もなかったかのように世間話を続けた。吉田が所長官舎から持ち出してきたものについては、２人とも一言も触れなかった。

吉田は、この7ヵ月後、人間ドックで食道がんが見つかり、２０１１年12月付で1年7ヵ月務めた福島第一原発の所長を退任する。すぐに慶應義塾大学病院に入院し、闘病生活が始まった。

## 最後の聴取

　事故から1年あまりが経った２０１２年5月14日。東京は雲が垂れ込め、気温が25度近くまで上がる梅雨間近を感じさせる蒸し暑い日だった。午後1時前、信濃町にある慶應義塾大学病院に国会事故調査委員会の黒川清（くろかわきよし）委員長（75歳）をはじめ、福島第一原発の事故調査にあたっている委員や調査員４人が入った。４人が向かった先は、入院している吉田の病室だった。政府事故調査委員会の聞き取り調査は、吉田の病状が明らかになる前の２０１１年7月から11月にかけてのべ28時間にわたって福島第一原発近くのＪヴィレッジで行われたが、国会事故調査委員会の聞き取りは、病室での調査となったのである。聴取は、治療のために中断されることも織り込み済みで、吉田の体調をおもんぱかって、委員らは、挨拶もそこそこに、「最初の5日間、一体どんな気持ちで何をしていたのか。その話を一番伺いたい」と本題を切り出した。

「わかりました」吉田はそう答え、1年2ヵ月前、所長室が大きく揺れたときから話を始めた。

「最初に従業員や協力企業の人のけがが一番心配なんですけど、集合したら幸いにもその時点では軽傷で助かったと。それですぐに免震棟にとんでいきまして……」

初期の事故対応を時系列に沿って、わかりやすい言葉で説明しながら、津波で電源を失ったときの気持ちを、吉田はこう吐露した。

「もうこれは駄目かな。要するに、メルトダウンということが頭に入ってましたんで」

そして中央制御室からの報告を受けて「もう何にも見えねーと、飛行機を計器もエンジンも全部消えた状態で操縦しろと言われているようなものなので、これはすごいことになったな」と事故当初、平静を保ちながらも、かなり悲観的な観測をしていた胸の内を明かした。

原子炉の冷却については、イソコンやRCICが動いているだろうと考えていた自らの認識を「僕が甘かった」と悔やんだ。吉田は海水注入とベントに全力を尽くして取り組み、そこに躊躇はまったくなかったと繰り返し述べた。特にベントがなぜ遅れたのかという疑問については、電源がなく弁が開かない中で、いろいろなやり方を考え、コンプレッサー一つ探すのにも手間と時間が非常にかかったことを強調し、改めて躊躇はなかったと語った。一方で、ベントについて、事故から1年以上経ったこの時点で、意外なことを口にした。

「いまだに僕は言うんですけど、ベントできたかどうかの自信はありません」

委員らがやや戸惑うような表情を見せる中で、吉田は説明を続けた。

「ベントしたかどうかっていうのは、本当は排気筒のモニターが、電源が生きていれば値がボンと上がりますから、作動がわかるんですけど、そんなのないですから」

「1号は、煙のようなものが出て、できたのかなと、そんな感じなんです」といまだにベントができたかどうか自信がないという感覚を明かした。

委員が1号機のメルトダウンについて質問した時だった。吉田は、後から考えると、原子炉建屋で放射線量が上がってきた時には、間違いなくもうメルトダウンしていたと思うと話した。ただ、吉田は、「その時まだ格納容器の圧力がみれなかったんですよね」と語り、11日午後11時50分に格納容器の圧力が異常に高いというデータがわかるまでは判断できず、その後は「燃料が溶けるのを止める水を用意しないといけない。水だ。水だと」と結果的に後手に回ってしまった消防注水に奔走したことを語った。

初期対応の中で、吉田の名を一躍高めた12日夜の1号機の海水注入騒動について委員が率直な疑問を問いかけた。

「どなたにも相談されずに、所長ご自身の判断で続けようと思われたということですか？」

「そうです」吉田は淡々と答えた。

「他のやつに言うと、ややこしいんですね。海水注入の責任者だった防災班長にだけ、テレビ会議ではやめたということにするけれど、現場には止めに行かせるなと言って、それでやってました」そして、気負うこともなく、こう言った。

「いろいろご批判あるんですけど、現場の命を守るというものがあったので」

原子炉が冷却されなくなることについて、委員から「炉全体が最悪の事態になるかもしれないと考えたことはあったのか」という質問が投げかけられた。

「ずっと考えていた」と言う吉田に、委員が「最悪というのは、まさに爆発が起こって」と畳みかけると、吉田は、確かに最悪の一つとして格納容器の爆発の可能性はあったと述べながら、原発の設計の専門家として、メカニズム的に起きる現実的な危機を考えていたことを口にした。

「まあ、爆発するというのは、僕、格納容器を設計していましたから。爆発しないんですよ。しないというか、する前に漏洩しちゃうんですよ。パッキン（接続部分）とか弱いから」

吉田の発言は、14日から15日にかけて2号機のベントが失敗し、格納容器の圧力が急上昇したが、決定的な破壊にまで至らなかった要因の一つは、格納容器が高温・高圧にさらされると、容器の繋ぎ目や配管との接続部分のシリコンゴムなどが溶けて隙間ができ、放射性物質が漏れ続けていたためではないかという見方と合致する。

「なるほど、そういう意味ですか」委員らは一様に納得した様子だった。

合点がいった様子の委員らに、「ただし」と留保をつけるように吉田は、「ないとは思うんだけど」と言葉を継いで、爆発の可能性についてこう語った。

「ゼロではないですから。だからベントをして、とにかく圧力を下げることをしなければいけない」

時系列に沿った事故対応の説明が一区切りし、委員の一人が尋ねた。

「この数日間の中で一番危機的な感じだなと思ったときは？」

吉田はすぐに「2号機ですね」と答えた。事故4日目の3月14日午前11時すぎに3号機が水素爆発を起こした直後、2号機のＲＣＩＣが動きを止め、原子炉に消防注水をしなくてはいけない局面になった。このとき、現場は爆発で吹き飛んできた瓦礫の山で、再び原子炉への注水ラインを作るにも、爆発への恐怖で、「みんながオタオタ状態だった」と吉田は振り返った。しかも、決死の覚悟で消防注水のラインを作ったものの、今度は原子炉と格納容器の圧力が高まってなかなか水が入らない状況が続いた。吉田の説明が熱を帯びた。

「2号機のときに怖かったのは、2号機がもう駄目になっちゃうと、放射能がもっと出ますよね。もうあそこの場所にいられないんですよ。そうすると、我々は討ち死にしちゃう」

そうなった場合、福島第二原発に影響が及ぶことを恐れていたと打ち明けた。

「今度は、第二のほうも線量が上がって作業ができなくなっちゃう。あそこがメルトしちゃうと、どうしようもないですから。最後の最後、そこまでイメージして、もうとりあえず水を入れろと。後は神様に祈るだけだと。やっと入ってくれたときはうれしかったですね」

2号機の危機では、14日午後4時台に、格納容器の圧力を下げるベントもできない、原子炉圧力を下げるSR弁も開かないという膠着状態に陥る。このとき、総理官邸から吉田のもとに直接電話がかかってきたときのやりとりを、吉田は、少し脚色も加えてどこか懐かし気に振り返った。

「『これ何言ってんだ、このオヤジは』と思って、聞いてると、どうもこの甲高い声は班目さんだなと思って、『あ、班目先生ですか』って言ったら、『そうだっ』って騒いでるんですよ。『水入れろっ、水入れろっ』とか言って、SR弁開け、開けですよね。『でもねー先生、温度差がねー、ないんですよー』とか言ったんだけど、『100

℃あるんだから大丈夫だっ』とかおっしゃってるんでね、『そうですか』と。で、また、うちの社長がその後で、『やれっ』とか言ってたな」

この場面について、事故後、班目は、総理官邸で2号機の詳細がよく把握できていない中で、突然電話を渡され助言するように求められたと明かしている。

後の国会事故調のヒアリングで、班目は、「技術的な助言を与えるためには、現状がどうなっているかの情報がないとできない。情報がほとんどない中でできる助言に限界があった」と打ち明けている。事故当時、吉田は、班目の助言を一旦退けたが、ベントがなかなかできなくなった局面で、今度は、原子力について門外漢の社長の清水がテレビ会議で突然、班目の方針通りにするよう指示してきた。吉田が思わず「わかりました」と答えた直後、武藤にそれでいいのかを聞いている。吉田は、「技術的に、武藤のサジェスチョンが欲しかった」と話した。吉田は武藤を「燃料と安全解析のプロ」と評し、副社長だからでなく、専門家として意見を聞きたかったと話した。しかし、このとき、武藤はヘリコプターでオフサイトセンターから東京に移動中だった。吉田は自分が技術的に相談できる人が社内には武藤以外にいなかったと打ち明けた。

委員の一人が「事故対応で、経営トップに相談しなければならないと感じたことはあったのか」と質問を投げかけた。

「ないですね」吉田は間髪入れずに答えた。本店に対しては、技術的なアドバイスと、むしろ支援物資の早急なサポートが欲しかったと語り、特にガソリンと、軽油と、水を使えるだけ現場に送ってほしいと要望していたと語った。しかし、支援物資が届くのは遅かったと不満を口にした。

「例えばこういうのがもう少し早く着いていたらというのは何かありますか」

質問が重ねられた。

「やっぱり最初は電源車ですね。それからバッテリーもですね」

バッテリーについては、復旧班が原発構内の車から取り外して間に合わせたことや、水が足りなくなったときも、3号機近くの逆洗弁ピットに溜まっていた海水を使ったことに触れ、吉田は現場の奮闘をたたえて、こう言った。

「みんな現場で知恵を働かせてね、機転でやっているのに、あたかも報道を見てるとね、何かピュッとすると、海水注入なんてできるようなことを言うから、ふざけんじゃねえよと。そんなことを言うやつは出てこい、こっちに、と言いたいですね」

## 最後に語った吉田の願い

聞き取りが進むに連れて、時折、吉田らしい歯に衣着せぬやんちゃな言葉遣いが飛び交った。その語気が一段と強まったのは、運転員の原発操作に関わる質問が出たときだった。

吉田は、「一番信頼する当直長が、若いやつが足がすくんで『もう帰ろう』と言っても土下座して残ってくれって頼んだ」とやや誇張した言い方で当直長や副長クラスが現場で踏みとどまったことを称賛した。そして憤懣やるかたない様子で言い放った。「にもかかわらず、運転操作がどうだったかみたいなことを言うやつがいると、もうはらわたが煮えくり返ってくる。わかっているのか、おまえら、運転がと」

吉田は、自らは運転経験がないと言ったうえで、「自分はサイト全体の責任者だが、各号機の運転の責任は当直長なんです」と強調した。有識者で原発の運転をしたことのある人は一人もいないと言ったうえで、「本当に僕は大学の先生頼りないと思ったのは、運転わかんないんですもの」と手厳しく専門家を批判した。

ヒアリングは、途中、看護師の巡回や点滴の交換などのため何度か中断した。吉田は、「こんな状態にならなければ、今のお話をマスコミに、いるところでちゃんとしたいと思っていた」と悔しさを滲ませた。「今ちょっと地下1階まで行ってエレベーターであがってきて、ここに来るだけで『はっ、はっ、はっ』ってなっちゃいますね」と長びく闘病生活でかなり体力を失っていることを明かした。

1時間半近く続いたヒアリングの最終盤に差し掛かったときだった。再び1号機の海水注入について質問が飛んだ。

「素人的に考えると、本店に対し、今はこういう状況なので止めるなんてとんでもないということを説明する選択肢もあったのかなと思うのですが」

「これまたややこしいのですが」と吉田は前置きして「指令系統がめちゃくちゃなんですよ」と語り始めた。このとき、吉田に海水注入を止めるように電話してきたのは、官邸に詰めていたフェローの武黒だった。

「本店が止めろと言うんだったら、そこで議論できるんですけど、全然わきの官邸から電話までかかってきて止めろという話なので、十分な議論ができないんですね」

吉田は続けて言った。

「要するに指揮命令系統がどこにあるのかというのが非常に分散している状態で、僕は、これはもう最後は僕の判断だと思ったんです。ここで議論していると、時間がかかるじゃないですか。だからもういいやと」

事故対応の重要な判断は、現場トップの所長に委ねられるべきだ。アメリカでもそうだ。そうした意見を複数の委員が発言した後、今回のようなギリギリの選択を迫られるときに、民間企業の発電所長はどのような判断を下していくべきなのかという問いが改めて吉田に投げかけられた。吉田は、すでに何度も熟慮を重ねてきた自らの結論を口にした。

「発電所長としての判断は、やっぱり発電所にいる人の命なんですよ」

吉田は言葉を続けた。

「これを守らないと、その周辺の人の命も守れないわけですよ。これがやっぱり大基本だと思うんですよ。今回の措置の中で僕は去年11月に退くまで、ずっとそう思ってましたから」そして被ばくについてこう語った。「被ばくさせて大変申し訳なかったんだけど、あるレベルで抑えるとかですね、こういうことをきちっとしていく、そこだと思いますね」

聞き取りが終わって、4人との別れ際に、吉田は原発のある福島・浜通りへの思いを語った。

自分は足掛け14年浜通りに住み、いろんな人にサポートしてもらったと感謝したうえで、発電所周辺は、完全な形で元に戻るとは思っていないと話した。でも地元がちゃんと生活が成り立つように、自分は何らかのポジションで関わっていきたいという強い希望を口にした。具体的なアイディアとして、こんな施設を作れないかと語った。

「重要なのは、我々発電所の現場を経験した人間の言葉を直接伝える場を作れないか。現場を見てもらって、日本だけでなくて、海外の関係者も来て、『あんたのとここういった状態だけどどうか』とイメージトレーニングしてどうだと」そう言って吉田はそれが安全を高めることだと思うと言葉を結んだ。

吉田は、事故を経験した当事者の言葉を直接伝えられる場を作りたかったのである。日本を飲み込んだ究極の危機だったこの事故を当事者の言葉で次の世代に正確に伝え、そこから未来に繋がる教訓を導き出す。吉田はそう強く願っていたのである。

病室での聞き取りから1年あまりが経った２０１３年7月9日。吉田は、食道がんのため亡くなった。まだ58歳だった。8月23日東京の青山葬儀所でお別れの会が開かれた。総理大臣など政界や経済界の要人、それに福島第一原発で事故対応にあたった部下のほか東京電力の同僚など１０００人を超える人が参列し、未曾有の危機の最前線で奮闘した吉田の死を悼(いた)んだ。

## 決死への報奨

事故から2年半が経った２０１３年9月20日。東京は秋晴れのさわやかな日だった。この日は東京電力にとって特別な日だった。内幸町の本店の講堂に、2年半前福島第一原発で決死の事故対応にあたった１００人ほどの社員が集められていた。壇上には、社長の廣瀬直己（60歳）が立っていた。

東京電力では、事故当時の社長だった清水が、２０１１年3月下旬になると、事故対応からくる過労や持病の高血圧のため入退院を繰り返すようになった。清水は、事故から1ヵ月が経った4月11日の記者会見を最後に表舞台には顔を出すことがなくなり、5月20日には、一連の事故の責任をとるとして、早々と退任を発表した。この後、常務から後任の社長になった西澤俊夫（60歳）もわずか1年で社長を退くことになり、２０１２年6月に廣瀬が13代目の東京電力社長に就任した。廣瀬は、世界最悪レベルの原子力事故を起こし、社外からは厳しい批判にさらされ、社内では退職者が後を絶たないという発足以来最大の危機にある会社の難しい舵取りにあたることになった。

廣瀬は、事故から1年半となる9月11日、原子力改革特別タスクフォースを立ち上げた。タスクフォースを率いる事務局長には、長く原子力部門から離れ、事故当時の原子力本部の幹部やメンバーとしがらみの少なかった姉川尚史（55歳）を抜擢し、35人の特別チームを編成し、事故に至る根本原因を調査させていた。タスクフォースは、２０１３年3月に事故調査報告書をまとめ、事故の失敗を具体的にどのように安全対策に結びつけるのか、原子力部門の体制改革に苦闘していた。

廣瀬は、これと並行して、事故当時、死と隣り合わせにいながら収束作業にあたった現場の社員をどのように遇するべきか頭を悩ませていた。廣瀬は、現場から福島第一原発で最も過酷な事故対応にあたった社員を表彰してくれないのかという声があがっていることを聞きつけ、密かに姉川に表彰する対象者を選定するよう指示した。姉川は、事故対応にあたった復旧班長の稲垣のほか発電班や保安班の幹部に命じ、グループマネージャーと呼ばれる課長レベルの単位で対象者を絞る作業を始めた。表彰の対象者は、3月11日から15日にかけて、1号機から4号機の現場に実際に出て、収束作業にあたった者や、中央制御室に残って対応にあたった者に限られ、免震棟にとどまった者や部長以上の幹部は基本的に対象外となった。表彰のリストアップは、２０１２年12月頃から始まり、２０１３年3月には、固まりつつあった。しかし、事故対応にあたった現場の社員を表彰することには、社内から根強い反対意見が出た。確かに現場は死線をさまよう献身的な作業に身を尽くした。だが、結果的に原子炉の冷却に失敗し、放射性物質を外部に放出してしまった事故対応については、社会から厳しい批判を浴びている。ましてやいまだ避難を余儀なくされている地元福島の人たちの感情を考えると表彰するというのはどうなのか。

さらに、表彰者を選ぶことについても疑義が唱えられた。実際、水面下で選定作業を進める中で、自分が選ばれないとわかった社員の中には、上司に対して、なぜ選ばれないのかと不満を言う者も少なくなかった。その一方で、危険な現場に自ら志願して向かい、献身的に作業にあたった復旧班の若手社員が、みんなが平等に表彰されないなら自分は表彰を辞退すると言い出し、稲垣ら復旧班の上司が説得に苦労する場面もあった。

しかし、廣瀬の方針は揺るがなかった。最終的に、表彰対象者は、220人あまりに絞られた。

吉田のお別れの会の3日後の8月26日、まず、福島県のJヴィレッジで最初の表彰式が行われ、およそ100人が表彰された。

そして、9月20日、東京本店で残る100人あまりの表彰が行われた。会場となった本店の講堂に集まった表彰者の中には、背広姿の1、2号機の当直長や3号機の爆発前に電源復旧作業にあたっていた復旧班のメンバーの姿があった。表彰を見守るため、免震棟や本店から部下を現場に送り出した幹部の何人かが講堂に足を運んだ。その中には復旧班長の稲垣の姿もあった。

表彰式では、事故対応に死力を尽くしてあたったことを称える表彰状と金一封が一人一人に贈られた。表彰された者は、緊張の中にも誇らし気でいくばくかの達成感を覚えたような表情を見せた。表彰者に向かって、社長の廣瀬が感謝の辞を述べた時だった。廣瀬は、記者会見や原発の立地自治体の首長と相対する時に見せる低姿勢でありながら張りのある落ち着いた声で話し始めた。しかし、その声は、間もなく、途切れ途切れになり、ついに堪(こら)えきれなくなったように嗚咽(おえつ)が漏れた。常に平静を装い、批判を浴びる会社の盾のように振る舞っていた廣瀬が泣き出したことに、会場の誰もが驚いた。廣瀬は涙を隠そうとせず、安全が保障されていない現場に志願して赴き、対応にあたった社員たちを称えた。会場の片隅で一部始終を見つめていた稲垣は、危険な現場に自らの指示で部下を行かせてしまったことで、一生背負うことになった負い目を、今日の表彰式と表彰に至るまでの長い作業を通して、ほんのわずかであるが返すことができたのではないか。そんな感覚をかみしめていた。

危機の現場では、事故対応なのか。命なのか。そうした究極の問いが突きつけられる時がある。その問いに、吉田は、最後の聴取でこう語っている。

「最も大切なものは現場の命であり、その命が守れないと周辺の人の命も守れない」

危機と向き合う時、現場の献身的な使命感に甘えて、自己犠牲を強(し)いるようなことは決してあってはならない。そのためには、平時から危機への感性を鋭くし、危機を防ぐための対策を粘り強く積み重ね、危機が起きた際には、必要なデータをいち早く集め、関係者が冷静に議論を深めて、科学的にも政治的にも的確な判断を行わなければならない。

不確実で先が見えない危機に対して、どう備え、どう向き合うべきなのか。福島第一原発の事故は、その問いを、今も私たちに投げかけている。

## ドキュメント編　引用文献

・東京電力福島原子力発電所における事故調査・検証委員会（政府事故調）中間・最終報告書
・政府事故調査委員会ヒアリング記録　吉田昌郎　菅直人　枝野幸男　海江田万里　寺田学
　福山哲郎　細野豪志
・東京電力福島原子力発電所事故調査委員会（国会事故調）報告書
・福島原発事故独立検証委員会（民間事故調）調査・検証報告書
・東京電力　福島原子力事故調査報告書　中間・最終報告書
・東京電力　テレビ会議映像
・東京電力　福島原子力事故における未確認・未解明事項の調査・検討結果　第1回～第5回
・新潟県原子力発電所の安全管理に関する技術委員会　福島第一原子力発電所事故の検証報告書

# 解説

加藤陽子（東京大学教授）

本書『福島第一原発事故の「真実」　ドキュメント編』の解説を書いている私の専門は１９３０年代の日本の外交と軍事であって、私は地震や津波に関する防災の専門家でもなく、まして原子力エネルギー関係の専門家でもない。

そのような人物の書く解説に多少とも意味があるとすれば、人類にとって未曾有の危機であった第二次世界大戦の起源、その歴史的前提をなす１９３０年代の危機について研究してきたという、その一点にあるのかも知れない。30年代の危機は、世界的規模における経済的危機であっただけでなく、英・米・ソ連・日本が角逐する極東の軍事的危機でもあった。第二次世界大戦の推定死者は約１６８３万人（行方不明者を含む）、負傷者は約２６７０万人に達した（『近代日本総合年表』岩波書店）とみられている。

このような、目も眩むほどの大きな犠牲を想う時、ひとは、どの時点であったなら、戦争への道を止めることができたのか、あるいは、どのような論理を媒介にすれば、為政者や国民が「もう戦争しかない」と考えるようになってしまったのかといった疑問を、過去の歴史に向かって問いかけてみたくなるものではないだろうか。歴史家とは、この問いかけの頻度が高い人たちの謂いであり、また、問いかける「問い」として、いかなる「問い」が適切なのかについて過去の歴史との対話を不断におこない、その時々に明らかにされた資史料や新たな視角によって自らの「問い」をアップデートし、現在の時点で最も確からしいと思われる歴史像＝「真実」を描き出そうと努める人々だと言えるだろう。

実のところ、歴史家のこのような日々の営みは、本書の巻末に記載されている13名からなる人々、すなわち、この2冊を執筆したNHKメルトダウン取材班（以下、取材班）の面々が、東京電力福島第一原発事故が起こった2011年3月以降、長い年月をかけて取り組んできた営為そのものに他ならない。本書第1章「想定外の全電源喪失」に登場する、伏線的な決め台詞、すなわち、『イソコンは動いている』この吉田の思い込みが、後の事故対応を大きく左右することになる」（51頁）との記述からは、取材班が、1号機のいわゆるイソコン＝アイソレーションコンデンサー〔非常用復水器〕起動の有無を、事故の深刻度を分けた、死活的に重要な「指標」の一つと捉えていることがわかる。

一度起動すると電気の力を使わなくとも、蒸気の力で循環して動く仕組みを持つイソコン。このイソコンが早い時点から起動したままの状態で保たれていれば、原発事故は軽減されたのではないか。これが取材班の抱いた第一の「問い」であった。1号機と2号機への危機対応にあたる中央制御室〈原発を運転操作する、操縦室にあたる場所、原子炉との距離は50メートル〉と、福島第一原発全てに対して指揮命令を発した吉田昌郎所長のいた免震重要棟緊急時対策室〈震度7までの耐震、自家発電、放射性物質除去の高性能フィルター付き換気装置あり〉との連絡手段は、地震と津波による全交流電源喪失後にあっては実に、ホットライン一本だけとなっていた。ともに、外界とは遮断された中央制御室と免震棟という二つの場所で、イソコン稼働の有無に関する情報が共有できていなかったこと、これは後々まで深い禍根を残してゆく。

人間にとって辛い記憶は脱落しやすいものなのか、3月12日午後3時36分に起きた1号機原子炉建屋の水素爆発の瞬間、福島中央テレビの無人カメラが捉えた映像写真（本書154頁）の記憶は私の頭の中に確かに存在するが、3号機と4号機が同様に建屋の水素爆発を引き起こし、本書の姉妹編「検証編」に掲載されている複数号機の爆発後の無惨な姿（「検証編」494頁、495頁）は、実のところ記憶から飛んでいた。格納容器の損傷・爆発を防ぐため、免震棟の所長や中央制御室の運転員らがいかに奮闘したかといった記憶が優っていて、2号機以外にも爆発が回避されていたはずだとの、間違った思い込みが生じていた。かつて人類が経験したことのない、核エネルギー関連の「連鎖災害」（「検証編」３０２頁）の複雑さ、記憶継承の困難さの一端を、身をもって痛感させられた次第である。

先に私は、取材班の抱いた「問い」や、設定した事故評価の「指標」の一つについて言及したが、過酷な原発事故を検証する際に採られるこのような姿勢と、戦争の惨禍を歴史的に考察する際の姿勢には、明らかに共通する部分、似通っている部分がある。この点について、下記の歴史的な事例を紹介しつつ、説明を加えておきたい。

冷戦時代の１９７３年、アメリカ国防総省に設置された総合戦略評価（ネットアセスメント）室の初代室長となり、ニクソンからオバマまでの政権の全国防長官に仕えた人物として知られていたのがアンドリュー・マーシャルだった。マーシャルは、米国と想定敵国（ソ連）の軍事力の優劣を正確に評価する「総合診断指標」を作るため、１９４０年5月に独軍が展開した西方電撃戦での、独軍と英仏連合軍双方のあらゆる数値データを入力し、勝敗をシミュレーションし、出て来た結果を、現実の戦史と摺り合わせ、総合診断指標を使えるプログラムとして精緻化を図っていった。

一方でマーシャルは、１９４１年12月の日本の真珠湾攻撃についても検証し、米国が暗号解読情報「マジック」から日本の攻撃の近さを示す15もの確かな証拠を握っていたにもかかわらず、攻撃を予測できなかった理由を分析した。マーシャルは、真珠湾攻撃の事例の場合、意味を持つ「暗号」と、多くの情報の「ノイズ」の区別が極めて困難だったことを失敗の事由として挙げていた。先の取材班の指標の話と摺り合わせれば、1号機のイソコンを止めた事態について、当直長から吉田所長へ報告が上がっていなかった事態(75頁)、多くの文字どおりのノイズの中で把握が困難となっていた事態(「検証編」42頁)に通ずるものがある。

マーシャルについての最良の伝記『帝国の参謀』(アンドリュー・クレピネヴィッチ、バリー・ワッツ著　北川知子訳　日経BP社)は、マーシャルが常々心がけていたこととして、「見当違いの問いにもっともらしい答えを出すのではなく、正しい問いに対してまずまずの答えを出」すべきだとの行動指針によっていたと書く。本書において取材班は、「見当違いの問い」に立派に見える答えを対置させたのではなく、「正しい問い」方をしつつ、現状で判明している限りのできるだけ正しい答えを対置させていると私は考える。そう言える理由を以下に見ていこう。

まずは本書のタイトルの中核部分が、「原発事故の『真実』」となっている点にご注目いただこう。「原子力災害の『真実』」ではないのだ。取材班は、原発に起因した事故の分析に焦点を絞り、東日本大震災に対する国・地方の危機対応といった行政的側面や、何の咎も無く犠牲となった人々や住民が背負わされた苦難といった生活社会的側面に記述の中心を置いていない。原発災害の被害者となった人々にとっては、このような対象の限定は、やや残念なものと感じられたかも知れない。

だが私には、取材班が、廃炉までの工程だけでなく、現行の原子炉へのフィードバック、さらには、あってはならないが次の事故にも備えられるような体制づくりや教訓を歴史から摑んでおきたいとの強い意志を持っていると思われた。そのための戦略として、対象の限定が選択されたのだろう。もちろん、第3章末に置かれたコラムで、福島県双葉町の双葉厚生病院をはじめとする多くの病院、介護施設が直面しなければならなかった筆舌に尽くしがたい苦難が描かれ、災害時に最も弱い立場に置かれる人々に対する、現実的で、より望ましい移送方法など、国・県の防災計画の見直しをきちんと提言してはいる（134頁）。

強い意志を持って取り組んだ取材班の「問い」方の特徴は、いかなる資史料や記録に対して調査をしたのか、いかなる当事者にインタビューを試みているのかなどから、まずは判断することができる。原発事故の調査に関しては、政府、国会、民間、東京電力、それぞれ特徴を持った4つの事故調査報告書が事故後の比較的早い時期に作成されていたが、取材班はこれら報告書の全てを丹念に読み込んだのはもちろん、

「新潟県原子力発電所の安全管理に関する技術委員会」による報告書を確認し、技術委員会による東電側への調査内容、また調査の際に同委員会が東電から提供された写真・映像などをも検証していた（「検証編」123頁掲載の東電側が撮影したイソコンの写真から、その規模感と損傷の甚大さを実感していただきたい）。アメリカにおいては、原子力規制委員会や原子力発電運転協会作成の報告書を手に入れ、関係者へのインタビューを実施したのはむろん、イタリアでは、国内外の研究者の協力のもとに、再現実験をおこなっている。

第三者的、あるいは外部的な機関による調査だけでなく、当事者である東京電力の資史料や記録についても、公開情報そして情報公開請求によって入手した資史料を中心に分析している。その最たる対象は、2012年8月6日、当時の枝野幸男経済産業大臣の後押しによって公開が決定された、東電のテレビ会議の映像と音声である。テレビ会議は、①福島オフサイトセンター、②福島第二原発・福島第一原発・柏崎刈羽、各原発の免震棟、③東電本店緊急対策本部を結んでおり、取材班は、その映像と音声を活字として議事録化し、その全文は現在、NHKのサイトに掲載済みである。また、吉田所長が国会事故調の質問に病床で応じた調書や政府事故調による、いわゆる吉田調書も丹念に読み込んでいる。

このように、取材班は、内外の資史料や記録を徹底的に調査・収集・分析した。東京電力や福島第一原発関係者の中で、後世に記録を残すため、あるいは後世に教訓を遺す意義を理解したうえで取材に応じ、貴重な内部情報提供をおこなった人々も少なくなかったことは本書を読めばわかる。そこまで取材班がしなければならなかった理由の一つに、肝心の東京電力内の意志決定の過程がわかる記録や、プラントの仕様書変更時の意図がわかる記録などにアクセスができなかったことなどがあげられよう。さらに、対応にあたった政府中枢の公文書、例えば原子力災害対策本部会議（81頁）の議事録などが、そもそも作成・保存されていなかったといった、民主主義国家として恥ずべき事態も発覚した。２００９年に成立した公文書管理法の施行は２０１１年4月からであったことは弁明にもならない。政治過程を描く際には必須となる、肝心の当事者の資史料がないという、日本の社会と歴史の悪弊が此処にも顔を出している。

米国の原子力規制委員会は歴史専門の部署を持っており、プラントの仕様書の変更がなされた際など、変更の意図が明記された詳細な文書が保存され、それは緊急事態の際や運転員の教育の際に十全に活用される。日本の場合は、仕様書の変更について、例えば規制庁の側に専門的な知識をベースとした幅広い知見があり、執拗に問いかけることを厭わない気風がある場合を除いては、会社側の変更の意図など外部からでは窺いようがない。

取材班が、エネルギー総合工学研究所の内藤正則の開発による、日本独自の計算解析プログラム「サンプソン」による貴重な事故進展の分析結果（96頁）に依拠したり、福島第一原発の事故進展を解析する国際プロジェクト（ＢＳＡＦ）研究の成果を積極的に援用したりする理由の一つは、ここにある。本来、公文書や詳細な記録による文字資料によって一発で了解できる事象を、解析プログラムを通じて把握するという迂回路を採り、読み解いていかねばならないのだ。その過程の手間と時間を考えると気が遠くなるが、この解析の過程はスリリングであり本書の白眉であろう。「検証編」の第2章「なぜイソコンは40年間動いていなかったのか？」に記された、２０１0年7月、東電が、イソコンとＳＲ弁（原子炉の蒸気を直接、配管を通して格納容器に逃がすためのバルブ）の優先順位の設定変更をおこなっていた事実の発見は、歴史の政治過程論の説明として読んでみる時、それが極めて秀逸なものだと判断できた。

東日本大震災後に公文書管理法の施行を見た後、公文書管理委員会では、本来作成されるべくして作成されなかった各省庁の事故対応に関する省内会議の議事録などの復元を促した。不肖私も公文書管理委員の一人として、経済産業省の復元作業の過程有を意識して作成されていた官僚らのメモは流石に詳細に残されていた。復元も可能なはずだ。省内に国家資格を取得したアーキビストを配置するような未来が来れば、中央省庁の側の公文書からも、福島第一原発事故の新たな「真実」が描けるかも知れない。取材班には、これらの中央省庁の公文書についてもどこかで検討の対象としていただきたい。

さて、第2章「運命のイソコン」で、「サンプソン」による事故進展結果によって記述された内容は、改めて衝撃的なものであった。その解析によれば、1号機の内部の状況は、11日午後5時55分の時点で水位が燃料の先端まで減ってきており、午後7時29分、原子炉の中の核燃料の温度は2200℃に達し、燃料溶融、メルトダウンが始まったと見られ、午後11時台には格納容器を破損させるメルトスルーが近づきつつあったと推定している（96〜99頁）。

8つの章からなる本書では、例えば、第1章から第3章までにおいては章の下の節のタイトルの下に1号機爆発までのカウントダウンが入る。第1章の冒頭の節「3・11 そのとき、吉田は」の下には、「1号機爆発まで24時間50分」という副題が付される。第5章「3号機　水素爆発の恐怖」では、その章の冒頭の節「連鎖の悪夢　3号機の異変」の下には、「3号機爆発まで約35時間」とのカウントダウンが入る。第6章「加速する連鎖　2号機の危機」においても、「4号機爆発まで約17時間」が入る（227頁）。ハラハラドキドキしながら読み手は、自らの記憶の中の福島第一原発の映像をたぐり寄せ、ああ、あの時点で、すでにメルトダウンはおろか、メルトスルーの危険もあったのかと気づき、当時、新聞やマスコミが時々刻々と報道していたこと、テレビの前に釘付けになって目にしたものとは全く異なる種類の格闘が、発電所構内でなされていたことがよく理解できる仕掛けとなっている。

連鎖災害のような過酷事故が発生した場合、一人に情報が集中し、一人の判断に意志決定が依存するシステムでは立ちゆかない。意志決定の仕組みの変更などは、事故後に東電内部で改革がなされたという。国・県・町村の指揮命令系統と職務権限の相互確認、現場を疲弊させない物量・インフラの整備、運転員の知識を向上させ、教育の質を上げる仕組みの構築、危機（非常用電源盤2系統が同じ場所にあったこと等）の分散化、情報公開と意志決定過程の透明化は、その必須の大前提となろう。

本書の取材班が問いかけた「問い」や「指標」について、イソコン以外の論点を提示して擱筆したい。①燃料を覆うジルコニウムと水蒸気が反応し、大量の水素を発生させることによる水素爆発はなぜ想定外だったのか。②吉田所長の奮闘と現場の尋常ならざる尽力によって1号機と3号機のベント〔格納容器が破損するのを防ぐため、格納容器内の気体を外部に放出し、圧力を下げるための緊急措置〕は、原発事故の記録史上世界で初めて実施でき、格納容器の爆発という最悪の事態は避けられた。だが、ベントに失敗した2号機の格納容器に決定的な損傷が起きていなかった理由はどこに求めるべきなのか。③地震と津波の規模について、過去の事例から正確に予測するのは無理だったのか。あるいは、正確に予測していても何らかの事情で対応がとれなかったのか。④注水することで原子炉を冷却することの意味。海水注入は役に立ったのか（これについては、注水ルートを変更した3月23日までについては、原子炉冷却への寄与はほぼゼロとの結論を得た。169頁）。

取材班による冷静沈着かつ強い覚悟をもって記述された事故経過の説明と分析は、過酷この上ない事故対応にあたって、まさに、免震棟と中央制御室の現場が示した、その態度を思い出させる。

## 執筆者一覧

**近堂靖洋**（こんどう　やすひろ）
NHKメディア総局アナウンス室長
1963年北海道生まれ。本書ではドキュメント編「プロローグ」と1章〜8章、検証編1章と「エピローグ」を執筆。1987年NHK入局。科学・文化部や社会部記者として、東海村JCO臨界事故などの原子力事故やオウム真理教事件、北朝鮮による拉致事件、虐待問題を取材し、NHKスペシャルなどを制作。福島第一原発事故では、発生当初から取材指揮にあたり、事故の検証取材を続け、NHKスペシャル『メルトダウン』『廃炉への道』を制作。報道局編集主幹などを経て、現職。

**藤川正浩**（ふじかわ　まさひろ）
NHK仙台放送局　シニアディレクター
1969年神奈川県生まれ。本書では検証編3章、5章を執筆。1992年NHK入局。NHKスペシャル『白神山地　命そだてる森』『気候大異変』など自然環境や科学技術に関する番組を担当。原発関連では、動燃の東海再処理工場事故、東京電力トラブル隠し、中越沖地震による柏崎刈羽原発への影響などを取材。福島第一原発事故後はNHKスペシャル『知られざる放射能汚染』『メルトダウン』や、サイエンスZERO『シリーズ原発事故』など事故関連番組を継続的に制作。

**山崎淑行**（やまさき　よしゆき）
NHKラジオセンター　NHKジャーナル解説キャスター
1969年山口県萩市生まれ。本書ではおもに検証編9章とコラムを執筆。1997年NHK入局。初任地の福井局で原子力を担当し、以来、東海村JCO臨界事故や東京電力シュラウドひび隠し問題を始め、数々の原発トラブルや不祥事を取材。前任の科学・文化部では原子力、エネルギー、宇宙などをニュースデスクとして担当。福島第一原発事故の検証番組、NHKスペシャル『メルトダウン』シリーズの立ち上げにも関わる。

**鈴木章雄**（すずき　あきお）
NHK報道番組センター　チーフプロデューサー
1977年東京都生まれ。本書では検証編7章、8章、10章〜13章を執筆。2000年NHK入局。大型企画開発センター、仙台局など経て現職。福島第一原発、柏崎刈羽原発、セラフィールド（英）、カールスルーエ（独）などの現場を取材。NHKスペシャル『メルトダウン』『廃炉への道』シリーズ、『原発メルトダウン　危機の88時間』や、東日本大震災の被災地10年の軌跡を描いた『定点映像 10年の記録』を制作。

**花田英尋**（はなだ　ひでひろ）
NHK新潟放送局　ニュースデスク
1979年青森県生まれ。本書では検証編4章、5章などを執筆。2003年NHK入局。2011年から科学・文化部で福島第一原発事故をめぐる国や東京電力の対応、事故検証を中心に取材。原発再稼働や核燃料サイクル政策など、原子力をめぐる動きも幅広く取材。NHKスペシャル『メルトダウン』『廃炉への道』『汚染水』などの取材担当。

**大崎要一郎**（おおさき　よういちろう）
NHK報道局　科学・文化部　ニュースデスク
1978年東京都生まれ。本書ではドキュメント編コラム「混乱の病院避難　失われた命」を執筆。2003年NHK入局。福島第一原発事故の後、科学・文化部で原発安全対策や住民避難の検証取材を担当。2015年から福島局で被災地復興や原発廃炉の課題などを取材。2019〜22年福島局ニュースデスク。NHKスペシャル『シリーズ原発危機　安全神話』『廃炉への道』『メルトダウン』、クローズアップ現代＋『検証 避難計画』などを取材・制作。

**岡本賢一郎**（おかもと　けんいちろう）
NHK山口放送局　ニュースデスク
1978年香川県高松市生まれ。本書では検証編2章、3章、6章を執筆。2004年NHK入局。鳥取局、松江局、科学・文化部、京都局を経て現職。大学時代に社会学部で青森県六ヶ所村の処分場問題を研究したのを機に、大学院で原子力工学を専攻し、核のごみの地層処分を研究。福島第一原発事故では当日から対応したほか、その後も廃炉や政策影響を取材し、現在は中間貯蔵施設の取材指揮にあたる。NHKスペシャル『メルトダウン』『廃炉への道』などを担当。

**沓掛慎也**（くつかけ　しんや）
NHK富山放送局　ニュースデスク
1978年長野県生まれ。本書では検証編4章を執筆。2004年NHK入局。金沢局で北陸電力志賀原発の臨界事故隠蔽問題を取材。2010年より科学・文化部で経済産業省原子力安全・保安院を担当。福島第一原発事故後は原子力規制委員会発足や新規制基準策定など規制のあり方を取材。2013年からは東京電力を担当し廃炉現場を取材。NHKスペシャル『メルトダウン』『廃炉への道』を担当。

**重田八輝**（しげた　ひろき）
NHK広島放送局　記者
1984年石川県生まれ千葉県育ち。本書では検証編9章、コラムを執筆。2007年NHK入局。福井局や大阪局で原子力や医療・公害、科学・文化部で福島第一原発事故後の核燃料サイクル政策や原発規制、電力需給などを取材。現在は広島局で主に原爆被害や核兵器問題に取り組み、G7広島サミットも担当した。原発事故の検証番組NHKスペシャル『メルトダウン』シリーズも制作。

**阿部智己**（あべ　ともき）
NHK新潟放送局　記者
1982年東京都生まれ。本書では検証編9章、コラムを執筆。2008年NHK入局。福井局で福島第一原発事故後の関西電力大飯原発再稼働や活断層問題を取材。札幌局を経て2015年夏から科学・文化部で消費者庁を担当、消費者問題や子どもの事故を取材。2017年より東京電力を担当、福島第一原発事故の検証や廃炉の課題を取材。NHKスペシャル『メルトダウン』や『廃炉への道』を担当。

**藤岡信介**（ふじおか　しんすけ）
NHK佐賀放送局　記者
1986年広島県生まれ。本書では検証編9章を執筆。2008年NHK入局。青森局で東日本大震災を経験したことを機に、原発や核燃料サイクル関連施設を取材。福井局を経て、2017年からは科学・文化部で、原子力規制委員会や電力各社を担当。原発の再稼働や安全対策、福島第一原発事故の検証を取材。

**長谷川 拓**（はせがわ　たく）
NHK報道局　科学・文化部　記者
1990年東京都生まれ。本書では検証編9章を執筆。2014年NHK入局。初任地の福島局では、沿岸部の南相馬支局や福島県政を担当し、原発事故で避難指示が出された地域の復興の課題などを取材。2019年から現職。福島第一原発の廃炉や処理水をめぐる問題、人材不足が懸念される原子力業界の行方などを取材している。

**右田可奈**（みぎた　かな）
元NHK福島放送局　記者
1988年山口県生まれ。本書では検証編9章を担当。2011年NHK入局。神戸局にて阪神・淡路大震災をテーマに取材。2015年より福島局で浪江町など被災地を取材するとともに、福島県政を担当。復興にむけた課題をテーマに幅広く取材し、NHKスペシャルやクローズアップ現代+などを制作。現在は退職し、不動産関連の企業に勤務。

本書は二〇二一年二月に小社より刊行された、
『福島第一原発事故の「真実」』所収「第1部　ドキュメント　福島
第一原発事故」に加筆・修正のうえ、文庫化したものです。
なお、本文中、敬称は略させていただきました。

福島第一原発事故の「真実」
ドキュメント編
NHKメルトダウン取材班

2024年2月15日第1刷発行

発行者――森田浩章
発行所――株式会社　講談社
東京都文京区音羽2-12-21　〒112-8001
電話　出版（03）5395-3521
　　　販売（03）5395-5817
　　　業務（03）5395-3615
Printed in Japan

講談社文庫
定価はカバーに
表示してあります

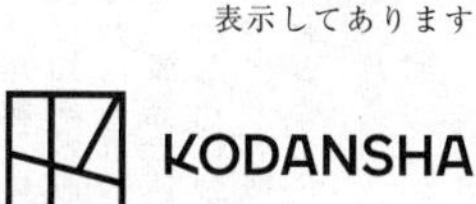


デザイン―菊地信義
図版制作―さくら工芸社
印刷―――株式会社新藤慶昌堂
製本―――加藤製本株式会社



ISBN978-4-06-532817-0

# 講談社文庫刊行の辞

二十一世紀の到来を目睫に望みながら、われわれはいま、人類史上かつて例を見ない巨大な転換期をむかえようとしている。

世界も、日本も、激動の予兆に対する期待とおののきを内に蔵して、未知の時代に歩み入ろうとしている。このときにあたり、創業の人野間清治の「ナショナル・エデュケイター」への志を現代に甦らせようと意図して、われわれはここに古今の文芸作品はいうまでもなく、ひろく人文・社会・自然の諸科学から東西の名著を網羅する、新しい綜合文庫の発刊を決意した。

激動の転換期はまた断絶の時代である。われわれは戦後二十五年間の出版文化のありかたへの深い反省をこめて、この断絶の時代にあえて人間的な持続を求めようとする。いたずらに浮薄な商業主義のあだ花を追い求めることなく、長期にわたって良書に生命をあたえようとつとめるところにしか、今後の出版文化の真の繁栄はあり得ないと信じるからである。

同時にわれわれはこの綜合文庫の刊行を通じて、人文・社会・自然の諸科学が、結局人間の学にほかならないことを立証しようと願っている。かつて知識とは、「汝自身を知る」ことにつきていた。現代社会の瑣末な情報の氾濫のなかから、力強い知識の源泉を掘り起し、技術文明のただなかに、生きた人間の姿を復活させること。それこそわれわれの切なる希求である。

われわれは権威に盲従せず、俗流に媚びることなく、渾然一体となって日本の「草の根」をかたちづくる若く新しい世代の人々に、心をこめてこの新しい綜合文庫をおくり届けたい。それは知識の泉であるとともに感受性のふるさとであり、もっとも有機的に組織され、社会に開かれた万人のための大学をめざしている。大方の支援と協力を衷心より切望してやまない。

一九七一年七月

野間省一

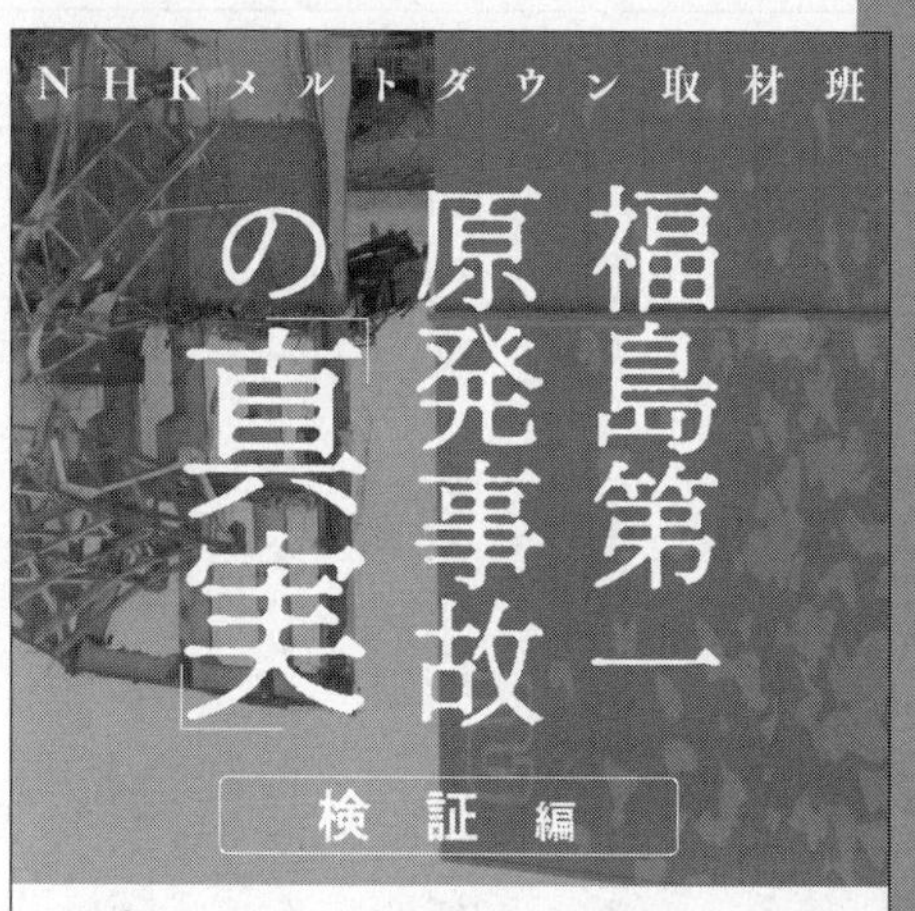


「検証編」同時刊行

13年、1500人以上を取材した調査報道の金字塔

「あの日」フクシマでは本当は何が起きたのか?

新聞や小説が触れない「衝撃の新事実」

絶賛発売中

# 思いもよらない真相が次々と明らかに

圧倒的な情報量と貴重な写真資料を収録した
**「完全保存版」**

講談社文芸文庫

加藤典洋

## 人類が永遠に続くのではないとしたら

解説＝吉川浩満　年譜＝著者・編集部

かつて無限と信じられた科学技術の発展が有限だろうと疑われる現代で人はいかに生きていくのか。この主題に懸命に向き合い考察しつづけた、著者後期の代表作。

かP8

978-4-06-534504-7

鶴見俊輔

## ドグラ・マグラの世界／夢野久作　迷宮の住人

解説＝安藤礼二

忘れられた長篇『ドグラ・マグラ』再評価のさきがけとなった作品論と夢野久作の来歴ならびにその作品世界の真価に迫る日本推理作家協会賞受賞の作家論を収録。

つJ2

978-4-06-534268-8

講談社文庫　目録

# 講談社文庫　目録

我孫子武丸　新装版 8の殺人
我孫子武丸　眠り姫とバンパイア
我孫子武丸　狼と兎のゲーム
我孫子武丸　新装版 殺戮にいたる病
我孫子武丸　修羅の家
有栖川有栖　ロシア紅茶の謎
有栖川有栖　スウェーデン館の謎
有栖川有栖　ブラジル蝶の謎
有栖川有栖　英国庭園の謎
有栖川有栖　ペルシャ猫の謎
有栖川有栖　幻想運河
有栖川有栖　マレー鉄道の謎
有栖川有栖　スイス時計の謎
有栖川有栖　モロッコ水晶の謎
有栖川有栖　インド倶楽部の謎
有栖川有栖　カナダ金貨の謎
有栖川有栖　新装版 マジックミラー
有栖川有栖　新装版 46番目の密室
有栖川有栖　虹果て村の秘密

有栖川有栖　闇の喇叭
有栖川有栖　真夜中の探偵
有栖川有栖　論理爆弾
有栖川有栖　名探偵傑作短篇集 火村英生篇
浅田次郎　勇気凜凜ルリの色
浅田次郎　霞町物語
浅田次郎　ひとは情熱がなければ生きていけない〈勇気凜凜ルリの色〉
浅田次郎　シェエラザード（上）（下）
浅田次郎　歩兵の本領
浅田次郎　蒼穹の昴　全四巻
浅田次郎　珍妃の井戸
浅田次郎　中原の虹　全四巻
浅田次郎　マンチュリアン・リポート
浅田次郎　天子蒙塵　全四巻
浅田次郎　天国までの百マイル
浅田次郎　地下鉄に乗って〈新装版〉
浅田次郎　おもかげ
浅田次郎　日輪の遺産〈新装版〉
青木玉　小石川の家

天樹征丸 画・さとうふみや　金田一少年の事件簿 小説版〈オペラ座館・新たなる殺人〉
天樹征丸 画・さとうふみや　金田一少年の事件簿 小説版〈雷祭殺人事件〉
阿部和重　アメリカの夜
阿部和重　グランド・フィナーレ
阿部和重　ＡＢＣ〈阿部和重初期作品集〉
阿部和重　ミステリアスセッティング
阿部和重　ＩＰ/ＮＮ 阿部和重傑作集
阿部和重　シンセミア（上）（下）
阿部和重　ピストルズ（上）（下）
阿部和重　アメリカの夜 インディヴィジュアル・プロジェクション〈阿部和重初期代表作Ⅰ〉
阿部和重　無情の世界 ニッポニアニッポン〈阿部和重初期代表作Ⅱ〉
甘糟りり子　産む、産まない、産めない
甘糟りり子　産まなくても、産めなくても
赤井三尋　翳りゆく夏
あさのあつこ　NO.6〔ナンバーシックス〕#1
あさのあつこ　NO.6〔ナンバーシックス〕#2
あさのあつこ　NO.6〔ナンバーシックス〕#3
あさのあつこ　NO.6〔ナンバーシックス〕#4
あさのあつこ　NO.6〔ナンバーシックス〕#5

池波正太郎　新装版 忍びの女(上)(下)
池波正太郎　新装版 殺しの掟
池波正太郎　新装版 抜討ち半九郎
池波正太郎　新装版 娼婦の眼
池波正太郎　近藤勇白書(上)(下)〈レジェンド歴史時代小説〉
井上　靖　楊貴妃伝
石牟礼道子　新装版 苦海浄土〈わが水俣病〉
いわさきちひろ　ちひろのことば
いわさきちひろ・松本　猛　いわさきちひろの絵と心
いわさきちひろ絵本美術館編　ちひろ・子どもの情景〈文庫ギャラリー〉
いわさきちひろ絵本美術館編　ちひろ・紫のメッセージ〈文庫ギャラリー〉
いわさきちひろ絵本美術館編　ちひろの花ことば〈文庫ギャラリー〉
いわさきちひろ絵本美術館編　ちひろのアンデルセン〈文庫ギャラリー〉
いわさきちひろ絵本美術館編　ちひろ・平和への願い〈文庫ギャラリー〉
石野径一郎　新装版 ひめゆりの塔
今西錦司　生物の世界
井沢元彦　義経幻殺録
井沢元彦　光と影の武蔵〈切支丹秘録〉
井沢元彦　新装版 猿丸幻視行

伊集院　静　乳房
伊集院　静　遠い昨日
伊集院　静　夢は枯野を〈競輪躁鬱旅行〉
伊集院　静　野球で学んだこと ヒデキ君に教わったこと
伊集院　静　峠の声
伊集院　静　白秋
伊集院　静　潮流
伊集院　静　冬の蜻蛉
伊集院　静　オルゴール
伊集院　静　昨日スケッチ
伊集院　静　あづま橋
伊集院　静　ぼくのボールが君に届けば
伊集院　静　駅までの道をおしえて
伊集院　静　受け月
伊集院　静　坂の上のμ〈野球小説アンソロジー〉
伊集院　静　ねむりねこ
伊集院　静　新装版 三年坂
伊集院　静　お父やんとオジさん(上)(下)
伊集院　静　ノボさん(上)(下)〈小説 正岡子規と夏目漱石〉

伊集院　静　機関車先生〈新装版〉
伊集院　静　ミチクサ先生(上)(下)
いとうせいこう　我々の恋愛
いとうせいこう　「国境なき医師団」を見に行く
いとうせいこう　「国境なき医師団」をもっと見に行く〈ガザ、西岸地区、アンマン、南スーダン、日本〉
井上夢人　ダレカガナカニイル…
井上夢人　プラスティック
井上夢人　オルファクトグラム(上)(下)
井上夢人　もつれっぱなし
井上夢人　あわせ鏡に飛び込んで
井上夢人　魔法使いの弟子たち(上)(下)
井上夢人　ラバー・ソウル
池井戸　潤　果つる底なき
池井戸　潤　架空通貨
池井戸　潤　銀行狐
池井戸　潤　仇敵
池井戸　潤　空飛ぶタイヤ(上)(下)
池井戸　潤　鉄の骨
池井戸　潤　新装版 銀行総務特命

2023年12月15日現在

講談社文庫　目録

新井見枝香　本屋の新井
碧野　圭　凛として弓を引く
碧野　圭　凛として弓を引く〈青雲篇〉
赤松利市　東京棄民
五木寛之　ソフィアの秋
五木寛之　狼のブルース
五木寛之　海峡物語
五木寛之　風花のひと
五木寛之　鳥の歌(上)(下)
五木寛之　燃える秋
五木寛之　真夜中の望遠鏡〈流されゆく日々'78〉
五木寛之　ナホトカ青春航路〈流されゆく日々'79〉
五木寛之　旅の幻燈
五木寛之　他力
五木寛之　こころの天気図
五木寛之　新装版 恋歌
五木寛之　百寺巡礼 第一巻 奈良
五木寛之　百寺巡礼 第二巻 北陸
五木寛之　百寺巡礼 第三巻 京都Ⅰ
五木寛之　百寺巡礼 第四巻 滋賀・東海
五木寛之　百寺巡礼 第五巻 関東・信州
五木寛之　百寺巡礼 第六巻 関西
五木寛之　百寺巡礼 第七巻 東北
五木寛之　百寺巡礼 第八巻 山陰・山陽
五木寛之　百寺巡礼 第九巻 京都Ⅱ
五木寛之　百寺巡礼 第十巻 四国・九州
五木寛之　海外版 百寺巡礼 インド1
五木寛之　海外版 百寺巡礼 インド2
五木寛之　海外版 百寺巡礼 朝鮮半島
五木寛之　海外版 百寺巡礼 中　国
五木寛之　海外版 百寺巡礼 ブータン
五木寛之　海外版 百寺巡礼 日本・アメリカ
五木寛之　青春の門 第七部 挑戦篇
五木寛之　青春の門 第八部 風雲篇
五木寛之　青春の門 第九部 漂流篇
五木寛之　親鸞 青春篇(上)(下)
五木寛之　親鸞 激動篇(上)(下)
五木寛之　親鸞 完結篇(上)(下)
五木寛之　五木寛之の金沢さんぽ
五木寛之　海を見ていたジョニー 新装版
井上ひさし　モッキンポット師の後始末
井上ひさし　ナ　イ　ン
井上ひさし　四千万歩の男 全五冊
井上ひさし　四千万歩の男 忠敬の生き方
井上ひさし・司馬遼太郎　新装版 国家・宗教・日本人
池波正太郎　私の歳月
池波正太郎　よい匂いのする一夜
池波正太郎　梅安料理ごよみ
池波正太郎　わが家の夕めし
池波正太郎　新装版 緑のオリンピア
池波正太郎　新装版 殺しの四人〈仕掛人・藤枝梅安(一)〉
池波正太郎　新装版 梅安蟻地獄〈仕掛人・藤枝梅安(二)〉
池波正太郎　新装版 梅安最合傘〈仕掛人・藤枝梅安(三)〉
池波正太郎　新装版 梅安針供養〈仕掛人・藤枝梅安(四)〉
池波正太郎　新装版 梅安乱れ雲〈仕掛人・藤枝梅安(五)〉
池波正太郎　新装版 梅安影法師〈仕掛人・藤枝梅安(六)〉
池波正太郎　新装版 梅安冬時雨〈仕掛人・藤枝梅安(七)〉